電気回路の基礎数学
— 連立方程式・複素数・微分方程式 —

工学博士 川上　博
博士(工学) 島本　隆 共著

コロナ社

まえがき

　本書は，もともと高校で習った数学をおおざっぱに復習し，電気回路，特に「交流回路の定常解析」に出てくる数学を学習するための手引きとして用意した入門書です．その後，電気回路の「過渡現象」で出てくる微分方程式を解説する章を加え，さらに付録として雑事を書き込み，何とか回路の勉強を始める段階で数学につまずかないように工夫し，入門書としてまとめ直しました．

　数学をどうして学ぶのでしょうか？　それは，工学（特に電気工学はそうなのですが）を語るためには，どうしても数式が必要だからです．自然の現象を説明し，自分が設計したオブジェを表現する言葉として数学があるのです．ひらがなや漢字を知らずして，日本語の小説を読むことも書くこともできないのと同じです．ベクトルや連立方程式を知らずして，電気を理解し，人工物・製品をつくることはできないのです．このようなわけで，回路を学ぶ「はじめの一歩」となりそうな事柄をあれこれと述べることにしました．

　さて，本書で学習し理解してほしい最初の目標は，まず
- 連立1次方程式が解けるようになる
- 複素数の計算が自由にできるようになる

ことです．その上で
- 複素数を係数にもつ連立1次方程式が解ける
- 複素指数関数（三角関数）を使いこなせる

ようになってほしいと思います．これらは，2〜4章に述べてあります．

　次に，第2番目の目標は
- 簡単な定係数線形常微分方程式が解けるようになる

ことです．これにはいろいろな解法があり，5章で二つの解法が紹介されています．これらの解法は，電気回路の過渡現象を解析する際に利用されます．

したがって，本書は次の四つの項目で構成されています。
- 高校からの接続として，高校数学の復習（1章）
- 電気回路の定常解析に使う数学（2～4章）
- 電気回路の過渡解析に使う数学（5章）
- 付録——ちょっと便利かなと思える雑事集——

必要に応じて，適当な部分を適切に利用してください。

1章は，高校で習った数学のうち，必要となるであろう事柄の復習です。上で述べた目標には直接必要はないのですが，「なぜ連立方程式なんか解かなければいけないの？」というような一歩踏み込んだ疑問に応えるには，微分や積分の知識が必要となることでしょう。

2章では，連立方程式を解けるようになることと合わせて，行列やベクトルに関する事柄を学習します。3章では，複素数の扱い方を学びます。特に，複素指数関数と実三角関数の関係式：オイラーの公式は，交流回路の定常解析に必要となる重要な関係式です。4章では，正弦波について学びます。

5章では，線形常微分方程式について，さわりの部分を学びます。行列やベクトルも少し復習のつもりで使うことにしました。過渡現象は，回路の状態と呼ばれる変数の時間発展が理解できるとわかったといえるでしょう。そのためには，回路方程式である常微分方程式を解かなければなりません。その入門となるのがこの章です。

これらの本文中では，必要と思われる箇所に適宜「演習問題」を挿入しています。学んだことを使い，問題を解くことにより内容の理解を深めて下さい。

最後に付録では，雑多な内容を列挙しています。
- 高校物理の教科書と電気回路の関係（付録 A.1）
- おためし回路論（付録 A.2）
- Excel VBA（付録 A.3）
- 公式あれこれ（付録 A.4）

これらは，「電気回路」の学習に先立って，ちょっと目を通しておいてほしい，いわば学習前教材（予習教材）です。

まえがき　*iii*

　じつは，本書を執筆していて盛り込みたい事柄はいっぱいありました。でも，「消化不良より教えないほうがよい」と考えて，書いた項目をどんどん削除しました。これまでの経験からいえることですが，多くの皆さんが学習とは "何かを覚えること" と勘違いしていると思います。学習とは，"何かを覚えること" ではなく "何かを自分なりにわかること" なのです。

　特に，数式がもつ情報量は莫大です。一つの式を理解することによって，間違いなく目の前の世界が違って見えるようになることもあるのです。覚えているだけでは，少し違った応用にも適用することができませんが，理解していればどんな局面に遭遇してもうまく使いこなすことができます。理解してしまえば，未整理のままの知識をきれいさっぱり忘れて，頭の中を清潔に整頓しておくこともできます。

　最後に，学びのスタイルについて一言。これからはみなさん一人ひとり，自分に合った学習のスタイルを見つけて，そのスタイルで学習しましょう。人生は長いのです。きっと自分流の学習スタイルが見つかります。「自分に合った学習のスタイル」なんて，言うは易しく行うは難しかも知れませんが…。

　　　　　　　　　　　　　　　　　　　　　　　　では，よいご旅行を。

2008 年 8 月

　　　　　　　　　　　　　　　　　　　　　　　　　　　　　川上　博
　　　　　　　　　　　　　　　　　　　　　　　　　　　　　島本　隆

目　　　次

1.　高校数学の復習

1.1　連立1次方程式 ……………………………………………………… *1*
1.2　2次関数と2次方程式 ………………………………………………… *4*
1.3　三　角　関　数 ……………………………………………………… *7*
1.4　微　　分　　法 ……………………………………………………… *10*
　1.4.1　導　関　数 …………………………………………………… *10*
　1.4.2　導関数の応用 ………………………………………………… *13*
1.5　積　　分　　法 ……………………………………………………… *16*
　1.5.1　不　定　積　分 ……………………………………………… *16*
　1.5.2　定　　積　　分 ……………………………………………… *17*
1.6　集　合　と　論　理 ………………………………………………… *19*
　1.6.1　集合とその演算 ……………………………………………… *19*
　1.6.2　論理とその演算 ……………………………………………… *21*

2.　1次関数と行列・ベクトル

2.1　1　次　関　数 ……………………………………………………… *24*
　2.1.1　比例とその関係式 …………………………………………… *24*
　2.1.2　行列とベクトルを使った表示 ……………………………… *26*
　2.1.3　行列の和・差と積 …………………………………………… *28*
　2.1.4　ブロック行列 ………………………………………………… *30*

目次

- 2.2 連立1次方程式 32
  - 2.2.1 2元連立1次方程式 32
  - 2.2.2 行　列　式 34
  - 2.2.3 3元連立1次方程式 37
- 2.3 ベクトルと行列の幾何学的意味 39
  - 2.3.1 内　積　の　定　義 39
  - 2.3.2 ベクトルの住んでいる空間 40
  - 2.3.3 ベクトルの独立性 42
  - 2.3.4 直線を直線に写す1次関数 43
  - 2.3.5 平面を平面に写す1次写像 44
  - 2.3.6 平面を平面に写す写像の微分 47
  - 2.3.7 2×2 行列の固有値と固有ベクトル ――再考―― 47
- 2.4 連立1次方程式の解の重ね合せ 49

3. 複　素　数

- 3.1 複素数はどこから生まれたのか 51
- 3.2 複　素　平　面 53
  - 3.2.1 直角座標表示と極座標表示 53
  - 3.2.2 四則演算の図式表示 56
- 3.3 複素係数の連立1次方程式 57
- 3.4 複　素　関　数 59
- 3.5 指数関数と三角関数 59
  - 3.5.1 指数関数と三角関数のベキ級数展開 59
  - 3.5.2 オイラーの公式 61
  - 3.5.3 単位円上の複素数 62
  - 3.5.4 複素数の表示法のまとめ 65

4. 正弦波と複素正弦波

4.1 正 弦 波 ··· 67
   4.1.1 正 弦 波 と は ·· 67
   4.1.2 正弦波間の位相差 ··· 69
   4.1.3 正弦波の実効値 ·· 70
   4.1.4 正 弦 波 の 合 成 ·· 70
4.2 複 素 正 弦 波 ·· 72
   4.2.1 複素正弦波を考える理由 ································ 72
   4.2.2 複素正弦波を用いた位相差の計算 ····················· 73
4.3 複素正弦波の満たす微分方程式 ································ 74
   4.3.1 微分方程式をつくる ······································· 74
   4.3.2 外力として複素正弦波をもつ微分方程式の定常解 ········ 75
4.4 正 弦 波 動 ··· 76
   4.4.1 時間的な正弦波 ·· 77
   4.4.2 空間的な正弦波 ·· 77
   4.4.3 時間・空間的な正弦波 ···································· 78
   4.4.4 進行波と定在波 ·· 78

5. 定係数線形常微分方程式

5.1 指数関数とその性質 ·· 80
   5.1.1 実変数の指数関数 ··· 80
   5.1.2 複素変数の指数関数 ······································ 82
   5.1.3 行列の指数関数 ·· 83
5.2 1 階スカラー方程式 ·· 85

5.2.1　同次方程式の一般解 ··· *86*
　　5.2.2　非同次方程式の特殊解と一般解 ································· *87*
　　5.2.3　初 期 値 問 題 ··· *89*
5.3　ベクトル方程式 ··· *91*
5.4　演算子法への準備 ··· *95*
　　5.4.1　部 分 積 分 ··· *96*
　　5.4.2　インパルス関数とステップ関数 ································· *97*
　　5.4.3　畳 込 み 積 分 ··· *100*
5.5　ラプラス変換法 ··· *103*
　　5.5.1　定 義 と 性 質 ··· *103*
　　5.5.2　指数関数，三角関数とインパルス関数のラプラス変換 ········· *105*
　　5.5.3　微分方程式への適用と部分分数展開 ···························· *107*
　　5.5.4　回路応答への適用例 ··· *109*

付　　　　録 ··· *111*

A.1　高校物理の教科書から ·· *111*
　　A.1.1　新教育課程の学習内容 ··· *111*
　　A.1.2　電気回路理論との関係 ··· *112*
　　A.1.3　電気回路理論の枠組み ··· *115*
A.2　おためし回路論 ·· *117*
　　A.2.1　直 流 回 路 ··· *117*
　　A.2.2　回路の法則—素子の性質— ······································ *118*
　　A.2.3　回路の法則—接続の性質— ······································ *119*
　　A.2.4　回路方程式とグラフ理論 ·· *121*
　　A.2.5　回路の複素化—インピーダンス— ······························ *126*
　　A.2.6　回路ドラマはスイッチから始まる ······························ *130*
A.3　Excel VBA ·· *134*
　　A.3.1　マクロの作成手順（解の公式） ································· *134*

	A.3.2	グラフを描いてみよう	*136*
	A.3.3	グラフの汎用マクロ（1 関数）	*137*
	A.3.4	グラフの汎用マクロ（2 関数）	*138*
	A.3.5	連 立 方 程 式	*140*
	A.3.6	複 素 数	*142*
A.4	公式あれこれ		*144*
	A.4.1	公 式 集	*144*
	A.4.2	数式に使われるギリシャ文字	*154*
	A.4.3	単位の接頭文字（倍数）	*154*
	A.4.4	単位の換算（国際単位系）	*155*
	A.4.5	単位名の由来（電気と磁気の発展史）	*156*

参 考 文 献 ……………………………………………………………… *157*
演習問題解答 ……………………………………………………………… *158*
索 引 ……………………………………………………………… *163*

1 高校数学の復習

　この章では，高等学校までに学んだ数学のうち，これから必要となるであろう事柄をいくつか復習しておく．

1.1 連立1次方程式

　いくつかの未知変数を仮定して，その変数間に成り立つ1次方程式[†1]を導出し，複数個の1次方程式をともに満たす解を見つけることを**連立1次方程式**を解くという．連立方程式を解く作業は，工学で出合う多種多様な問題解法の基本となっている．電気回路も例外ではない．例えば3個の回路素子から構成される電気回路を解く場合，各素子を流れる電流 i_1, i_2, i_3 を未知変数として仮定し，回路素子の特性式や各種法則を利用して i_1, i_2, i_3 間に成り立つ回路方程式を導出する．得られた回路方程式は，3元連立1次方程式[†2]となり，これを解いて i_1, i_2, i_3 を求める．

　連立1次方程式の解法としては，中学校の数学で**代入法**と**加減法**を習っている．以下に両者を簡単に復習しておくが，どちらを用いるにしても3元，4元，5元といった多変数の連立1次方程式が解けるようになってほしい．

[†1] 1次方程式の1次とは，式に含まれる変数の次数が1である，すなわち2次以上の変数（x^2 や x^3 など）を含まない方程式を意味する．

[†2] 3元連立1次方程式の3元とは，連立方程式に含まれる変数が3個であることを意味する．3個の変数を含む場合，1次方程式も3個ないと解けないので，三つの変数を含む三つの式が連立された方程式ということになる．

例題 1.1 次の 3 元連立 1 次方程式を解き，x, y, z の値を求めよ。

$$\left.\begin{array}{l} x + y + 3z = 6 \\ 4x + 5y + 2z = 3 \\ 5x + 2y + 3z = 9 \end{array}\right\} \tag{1.1}$$

【解答】 まず，代入法（代入によって変数を消去する方法）を用いて解く。
式 (1.1) の第 1 式を $x =$ の形に変形すると

$$x = 6 - y - 3z \tag{1'}$$

これを第 2 式と第 3 式に代入すると

$$\text{第 2 式}: 4(6 - y - 3z) + 5y + 2z = 3 \quad \rightarrow \quad y - 10z = -21 \tag{2'}$$

$$\text{第 3 式}: 5(6 - y - 3z) + 2y + 3z = 9 \quad \rightarrow \quad -3y - 12z = -21 \tag{3'}$$

となり，変数 x が消去された 2 元連立 1 次方程式が得られる。さらに，式 (2′) を $y =$ の形に変形し

$$y = 10z - 21 \tag{2''}$$

式 (3′) に代入すれば

$$\text{式 (3′)}: \ -3(10z - 21) - 12z = -21 \quad \rightarrow \quad -42z = -84 \quad \rightarrow \quad z = 2$$

と z の値が求まり，式 (2″) より $y = -1$，式 (1′) より $x = 1$ と，すべての解が得られる。

次に，加減法（式の加減算により変数を消去する方法）を用いる。
式 (1.1) の変数 x の係数に着目すると

$$\text{第 2 式} - 4 \times \text{第 1 式} \quad \rightarrow \quad y - 10z = -21 \tag{2'}$$

$$\text{第 3 式} - 5 \times \text{第 1 式} \quad \rightarrow \quad -3y - 12z = -21 \tag{3'}$$

と，変数 x の係数が同じになるように定数倍して式どうしの加減算を行えば，変数 x が消去された 2 元連立 1 次方程式が得られる。さらに，式 (2′)，式 (3′) の変数 y の係数に着目し

$$\text{式 (3′)} + 3 \times \text{式 (2′)} \quad \rightarrow \quad -42z = -84 \quad \rightarrow \quad z = 2$$

と解が求まる。 ◇

演 習 問 題

1.1 次の連立 1 次方程式を解き，x, y, z の値を求めよ．

$$\begin{cases} 4x + y + z = 2 \\ 2x + 5y + 4z = 1 \\ 3x + 2y + 6z = 3 \end{cases}$$

1.2 次の連立 1 次方程式を解き，a, b, c, d の値を求めよ．

$$\begin{cases} a + b + c + d = 9 \\ 2a - b + 2c - d = -3 \\ 3a + 3b - c - 2d = -1 \\ 5a + 2b + 3c - d = 6 \end{cases}$$

1.3 次の連立 1 次方程式を解き，I_1, I_2, I_3 の値を求めよ[†1]．

$$\begin{cases} V_1 = R_1 I_1 \\ V_2 = R_2 I_2 \\ V_3 = R_3 I_3 \\ I_1 = I_2 + I_3 \\ E = V_1 + V_2 \\ V_2 = V_3 \end{cases}$$

1.4 電圧値が E_1, E_2, E_3, E_4 の四つの電池があり，そのなかから無作為に三つを選んで直列接続[†2]したところ，12, 15, 22, 23 のいずれかの電圧値になった．連立 1 次方程式を立て，E_1, E_2, E_3, E_4 の値を求めよ．ただし，$E_1 < E_2 < E_3 < E_4$ とする．

[†1] $V_1, V_2, V_3, I_1, I_2, I_3$ の 6 個の変数があり，式も 6 個あるので，形式的には 6 元連立 1 次方程式になる．しかし，第 1, 2, 3 式を第 5, 6 式に代入し，さらに第 4 式も代入すれば，2 変数だけが残った 2 元連立 1 次方程式にまとめることができ，簡単に解ける．

[†2] 電圧値が E_1 と E_2 の電池を直列接続すると，$E_1 + E_2$ の電圧値になる．

1.2 2次関数と2次方程式

二つの変数 x, y について，x の値を定めるとそれに応じて y の値がただ一つ定まるとき，y は x の**関数**であるといい，$y = f(x)$ と記述される。また，変数 x のとりうる値の範囲を**定義域**といい，定義域により定まる y のとる値の範囲を**値域**という。

2次関数は $f(x)$ の次数が2の関数であり，a, b, c を係数として

$$y = f(x) = ax^2 + bx + c \quad (a \neq 0) \tag{1.2}$$

と表される。また，式 (1.2) を

$$y = f(x) = a(x-p)^2 + q \tag{1.3}$$

と変形したとき，点 (p, q) を**頂点**，直線 $x = p$ を**軸**という[†1]。さらに

$$y = f(x) = ax^2 + bx + c = 0 \tag{1.4}$$

を **2次方程式**といい，その解はグラフにおける x 軸（$y = 0$）との交点（共有点）を意味し，**因数分解**あるいは**解の公式**[†2]により求められる（図 **1.1**）。

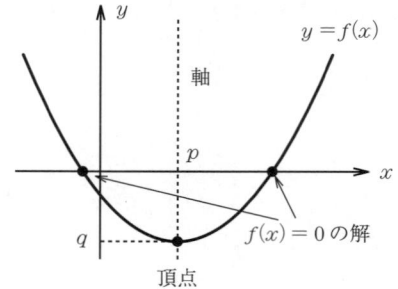

図 **1.1** 2次関数 $f(x)$

[†1] 2次関数は軸 $x=p$ を中心に左右対称であり，実数全体を定義域とする場合，頂点 (p, q) は最小値（$a>0$；下に凸）あるいは最大値（$a<0$；上に凸）を与える。

[†2] $x = \dfrac{-b \pm \sqrt{b^2 - 4ac}}{2a}$，根号内の式 $D = b^2 - 4ac$ は**判別式**と呼ばれ，$D>0$：異なる2実解，$D=0$：重解，$D<0$：共役（きょうやく）複素解，と2次方程式の解を分類できる。

例題 1.2 2次関数
$$y = f(x) = 2x^2 - x - 3 \tag{1.5}$$
のグラフを描け。ただし，軸，頂点，x軸やy軸との交点を明記すること。また，そのグラフより，定義域が $-1 < x < 2$ のときの値域，および2次不等式 $2x^2 - x - 3 < 0$ の解を求めよ。

【解答】 まず，式 (1.5) を変形すると
$$y = f(x) = 2x^2 - x - 3 = 2\left(x - \frac{1}{4}\right)^2 - \frac{25}{8}$$
となり，軸が $x = \frac{1}{4}$，頂点が $\left(\frac{1}{4}, -\frac{25}{8}\right)$ の下に凸な放物線になる。
次に，x軸との交点を求めるため，2次方程式 $y = 2x^2 - x - 3 = 0$ を考えると
$$y = 2x^2 - x - 3 = (x+1)(2x-3) = 0$$
と因数分解でき，2次方程式の解 $x = -1, \frac{3}{2}$ が得られ，この2点がx軸との交点になる。さらに，$f(0) = -3$ より y 軸との交点もわかるので，図 **1.2** のようなグラフが得られる。

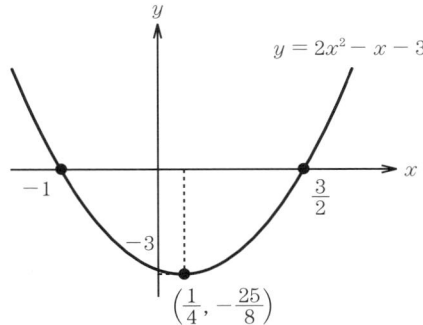

図 **1.2** $y = 2x^2 - x - 3$

定義域 $-1 < x < 2$ に対しては，$f(-1) = 0, f(2) = 3$ およびグラフより，値域は $-\frac{25}{8} \leqq y < 3$ となる。

2次不等式 $2x^2 - x - 3 < 0$ の解もグラフより $-1 < x < \frac{3}{2}$ と求められる。◇

付録 Excel VBA（A.3.1項，A.3.2項参照）

演 習 問 題

1.5 次の 2 次関数のグラフを描き，値域を求めよ。
 (1) $y = -x^2 + 3x - 4$ （定義域 $-2 \leq x \leq 2$）
 (2) $y = (x+1)(x-3)$ （定義域 $0 < x < 4$）

1.6 問図 1.1 のように，1 辺の長さが 4 の正三角形 ABC に長方形 DEFG が内接している。この長方形の面積が最大になる BD の長さと，その面積を求めよ。

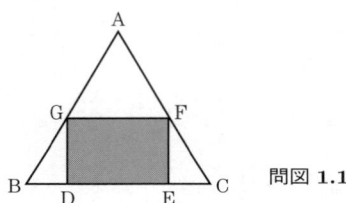

問図 1.1

1.7 地上からボールを初速度 20 m/秒で真上に投げたとき，t 秒後のボールの高さはおよそ $y = -5t^2 + 20t$ m で表される。ボールが最も高い位置に達した時刻とその高さを求めよ。また，頂点から落下するボールを地上 5 m の屋上でキャッチした。その時刻を求めよ。

1.8 次の条件を満たす 2 次関数を求めよ。
 (1) 軸の方程式が $x = 3$ で，2 点 $(0, 4)$, $(4, -4)$ を通る。
 (2) x 軸と 2 点 $(-1, 0)$, $(3, 0)$ で交わり，点 $(2, -6)$ を通る。
 (3) 3 点 $(-1, 1)$, $(2, 1)$, $(1, 5)$ を通る。

1.9 2 次関数 $y = x^2 + 2x + c$ （$-2 \leq x \leq 2$）の最大値が 5 であるとき，定数 c の値とこの関数の最小値を求めよ。

1.10 次の 2 次関数の x 軸との交点（共有点）を求めよ。
 (1) $y = 2x^2 + 6x + 1$ (2) $y = -2x^2 - 3x - 2$

1.11 次の 2 次不等式を解け。
 (1) $x(x-2) \geq 2$ (2) $5x(x-1) < -1$

1.12 長方形の厚紙の四隅から同じ大きさの正方形を切り取り，残った厚紙を折り曲げて，ふたのない直方体ケースをつくる。厚紙のサイズを 16×20，切り取る正方形の 1 辺を x，底面積 > 60 としたときの 2 次不等式を導け。さらに，ケースの深さを 2 以上とするとき，x の満たす範囲を求めよ。

1.3　三角関数

電気回路の交流理論は，電圧や電流に三角関数を用いるので，三角関数の扱いについても復習しておこう．図 **1.3** において

$$\text{正弦}: \sin\theta = \frac{y}{r}, \quad \text{余弦}: \cos\theta = \frac{x}{r}, \quad \text{正接}: \tan\theta = \frac{y}{x} \tag{1.6}$$

をまとめて θ の**三角関数**という（ただし，$r = \sqrt{x^2+y^2}$ ）．

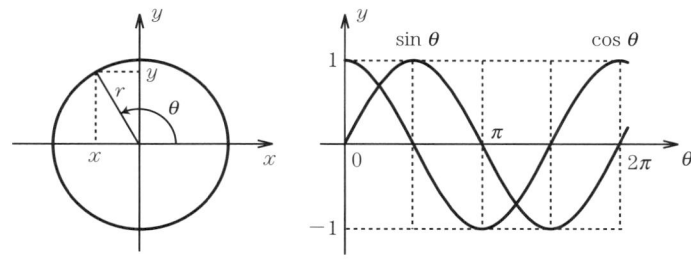

図 **1.3**　三 角 関 数

- 対称性
$$\sin(-\theta) = -\sin\theta, \quad \cos(-\theta) = \cos\theta, \quad \tan(-\theta) = -\tan\theta \tag{1.7}$$

- 相互関係
$$\tan\theta = \frac{\sin\theta}{\cos\theta}, \quad \cos\theta = \sin\left(\theta + \frac{\pi}{2}\right), \quad \sin^2\theta + \cos^2\theta = 1 \tag{1.8}$$

- 加法定理
$$\left.\begin{array}{l} \sin(\alpha+\beta) = \sin\alpha\cos\beta + \cos\alpha\sin\beta \\ \cos(\alpha+\beta) = \cos\alpha\cos\beta - \sin\alpha\sin\beta \\ \tan(\alpha+\beta) = \dfrac{\tan\alpha + \tan\beta}{1 - \tan\alpha\tan\beta} \end{array}\right\} \tag{1.9}$$

- 合成
$$\begin{array}{l} a\sin\theta + b\cos\theta = \sqrt{a^2+b^2}\,\sin(\theta+\phi) \\ \text{ただし}, \cos\phi = \dfrac{a}{\sqrt{a^2+b^2}}, \quad \sin\phi = \dfrac{b}{\sqrt{a^2+b^2}} \end{array} \tag{1.10}$$

例題 1.3 $\theta = 15°$ のとき，$\sin\theta + \cos\theta$ の値を求めよ．

【解答】 $15° = 45° - 30°$ なので，式 (1.9) の加法定理を用いると

$$\sin(15°) = \sin(45°)\cos(-30°) + \cos(45°)\sin(-30°)$$
$$= \frac{1}{\sqrt{2}}\frac{\sqrt{3}}{2} + \frac{1}{\sqrt{2}}\frac{-1}{2} = \frac{\sqrt{3}-1}{2\sqrt{2}}$$
$$\cos(15°) = \cos(45°)\cos(-30°) - \sin(45°)\sin(-30°)$$
$$= \frac{1}{\sqrt{2}}\frac{\sqrt{3}}{2} - \frac{1}{\sqrt{2}}\frac{-1}{2} = \frac{\sqrt{3}+1}{2\sqrt{2}}$$
$$\therefore\ \sin(15°) + \cos(15°) = \frac{\sqrt{3}-1}{2\sqrt{2}} + \frac{\sqrt{3}+1}{2\sqrt{2}} = \frac{\sqrt{3}}{\sqrt{2}} = \frac{\sqrt{6}}{2}$$

(**別解 1**) 2乗して，2倍角の公式[†]を用いると

$$(\sin\theta + \cos\theta)^2 = \sin^2\theta + 2\sin\theta\cos\theta + \cos^2\theta$$
$$= 1 + 2\sin\theta\cos\theta$$
$$= 1 + \sin(2\theta) = 1 + \sin(30°) = 1 + \frac{1}{2} = \frac{3}{2}$$
$$\therefore\ \sin(15°) + \cos(15°) = \sqrt{\frac{3}{2}} = \frac{\sqrt{6}}{2}$$

(**別解 2**) 式 (1.10) を用いて三角関数を合成すると

$$\sin\theta + \cos\theta = \sqrt{2}\,\sin(\theta + 45°)$$
$$\therefore\ \sin(15°) + \cos(15°) = \sqrt{2}\,\sin(15° + 45°) = \sqrt{2}\,\frac{\sqrt{3}}{2} = \frac{\sqrt{6}}{2}$$

$\diamondsuit$

[†] 式 (1.9) の加法定理において $\beta = \alpha$ とおけば，以下の **2 倍角の公式** が得られる．

$$\left.\begin{array}{l}\sin 2\alpha = 2\sin\alpha\cos\alpha \\ \cos 2\alpha = \cos^2\alpha - \sin^2\alpha = 1 - 2\sin^2\alpha = 2\cos^2\alpha - 1 \\ \tan 2\alpha = \dfrac{2\tan\alpha}{1 - \tan^2\alpha}\end{array}\right\} \quad (1.11)$$

また，式 (1.11) の第 2 式より，以下の **半角の公式** も得られる．

$$\sin^2\frac{\alpha}{2} = \frac{1 - \cos\alpha}{2},\quad \cos^2\frac{\alpha}{2} = \frac{1 + \cos\alpha}{2} \quad (1.12)$$

演習問題

1.13 $\theta = 75°$ のとき, $2(\sin\theta + \cos\theta)$ の値を求めよ.

1.14 α, β は鋭角で, $\tan\alpha = 2, \tan\beta = 3$ のとき, 次の値を求めよ.
(1) $\tan(\alpha + \beta)$
(2) $\alpha + \beta$

1.15 α は鋭角とする. $\cos 2\alpha = \dfrac{3}{5}$ のとき, 次の値を求めよ.
(1) $\sin\alpha$
(2) $\cos\alpha$
(3) $\tan\alpha$

1.16 $0 \leqq \theta < 2\pi$ のとき, 次の方程式を解け.
(1) $\cos 2\theta + \cos\theta = -1$
(2) $\sin 2\theta - \sqrt{3}\cos\theta = 0$
(3) $\sin\theta = \sqrt{3}\cos\theta$
(4) $\sqrt{2}(\cos\theta - \sin\theta) = 1$

1.17 $0 \leqq \theta < 2\pi$ のとき, 次の不等式を解け.
(1) $\sin 2\theta > \sin\theta$
(2) $\cos 2\theta \leqq \sin\theta + 1$

1.18 $0 \leqq \theta < 2\pi$ のとき, 関数 $y = \cos^2\theta + 2\sin\theta$ の最小値と, そのときの θ を求めよ.

1.19 $0 \leqq \theta < 2\pi$ のとき, 関数 $y = \sqrt{3}\sin\theta + \cos\theta$ の最大値と最小値, $y = 0$ となる θ を求めよ.

1.20 $0 \leqq \theta < \pi$ のとき, 関数 $y = 2\sin\theta\cos\theta - 2\sin^2\theta + 1$ の最大値と最小値を求めよ (2倍角の公式・半角の公式を用いて, 2θ の関数にしてみよ).

付録 数式に使われるギリシャ文字 ($\alpha, \beta, \theta, \phi, \pi$ など (A.4.2項参照))

付録 Excel VBA (A.3節参照, 例えば演習問題 1.20 の関数をマクロを用いて作成すると, 図 **1.4** のようなグラフになる)

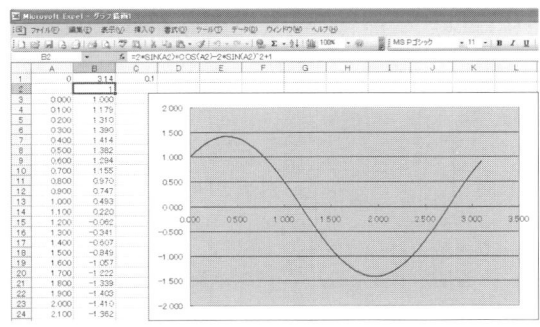

図 **1.4**

1.4 微 分 法

1.4.1 導 関 数

電気回路の交流回路には，電圧の変化率に応じた電流が流れる素子や，電流の変化率に応じた電圧が発生する素子があり，その特性式には微分や積分を用いる。そこで，本節と次節で微分法と積分法についても復習しておく。

関数 $y = f(x)$ を**微分**した関数を**導関数**といい，$y' = f'(x)$ で表され[†]

$$y' = f'(x) = \lim_{h \to 0} \frac{f(x+h) - f(x)}{h} \tag{1.13}$$

と定義される（図 **1.5**）。すなわち，x の微小変化 h に対する $f(x)$ の変化率（接線の傾き）を意味する。以下に，微分に関する公式を示す。

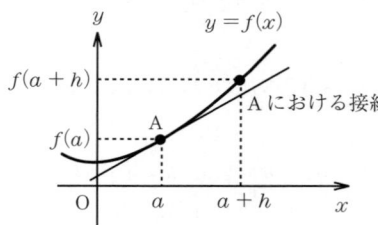

図 **1.5** $y = f(x)$ と導関数

- 定数 k $y = k \cdot f(x)$ $\to$ $y' = k \cdot f'(x)$ (1.14)

- 和差 $y = f(x) \pm g(x)$ $\to$ $y' = f'(x) \pm g'(x)$ (1.15)

- 積 $y = f(x)\,g(x)$ $\to$ $y' = f'(x)\,g(x) + f(x)\,g'(x)$ (1.16)

- 商 $y = \dfrac{f(x)}{g(x)}$ $\to$ $y' = \dfrac{f'(x)\,g(x) - f(x)\,g'(x)}{\{g(x)\}^2}$ (1.17)

   特に $y = \dfrac{1}{g(x)}$ $\to$ $y' = -\dfrac{g'(x)}{\{g(x)\}^2}$ (1.18)

[†] 変数 x で微分したことを明示するため，$\dfrac{d}{dx}$ という記号を用いて，$\dfrac{dy}{dx}$，$\dfrac{df(x)}{dx}$ と記述されることも多い。

- 合成関数

  $y = f(g(x)) \to u = g(x)$ とおけば，$y = f(u)$ なので
  $$\frac{dy}{dx} = \frac{dy}{du} \cdot \frac{du}{dx} \tag{1.19}$$

- 媒介変数

  $$x = f(t),\ y = g(t) \to \frac{dy}{dx} = \frac{\dfrac{dy}{dt}}{\dfrac{dx}{dt}} = \frac{g'(t)}{f'(t)} \tag{1.20}$$

- おもな関数の導関数

  $$(x^n)' = n\,x^{n-1} \tag{1.21}$$

  $$(\sin x)' = \cos x \qquad (\cos x)' = -\sin x \qquad (\tan x)' = \frac{1}{\cos^2 x} \tag{1.22}$$

  $$(e^x)' = e^x \qquad (a^x)' = a^x \log a \tag{1.23}$$

  $$(\log x)' = \frac{1}{x} \qquad (\log_a x)' = \frac{1}{x \log a} \tag{1.24}$$

例題 1.4 次の関数を微分せよ。

(1) $y = (x^2 + 5)(3x^2 - 4)$

(2) $y = \dfrac{x^2}{x-1}$

(3) $y = \sin(x\sqrt{x} - 1)$

【解答】

(1) $y' = (x^2+5)'(3x^2-4) + (x^2+5)(3x^2-4)'$ ← 式 (1.16) より
$= 2x(3x^2-4) + (x^2+5)\,6x$
$= 12x^3 + 22x$

(2) $y' = \dfrac{(x^2)'(x-1) - x^2(x-1)'}{(x-1)^2}$ ← 式 (1.17) より
$= \dfrac{2x(x-1) - x^2 \cdot 1}{(x-1)^2}$
$= \dfrac{x^2 - 2x}{(x-1)^2}$

(3) $y = \sin u$, $u = x\sqrt{x} - 1$ とおけば　　　← 式 (1.19) より

$$y' = \frac{dy}{du} \cdot \frac{du}{dx}$$
$$= \cos u \cdot \left(x^{3/2} - 1\right)' \qquad \leftarrow \sqrt{x} = x^{1/2}$$
$$= \frac{3\sqrt{x}}{2} \cos(x\sqrt{x} - 1) \qquad \diamondsuit$$

演 習 問 題

1.21 関数 $y = x\sqrt{x}$ を，導関数の定義式 (1.13) に従って微分せよ。

1.22 次の関数を微分せよ。

(1) $y = (x^3 - 1)(x^2 - 2)$ 　　(2) $y = \dfrac{1}{x^3 + 1}$

(3) $y = \dfrac{x^2}{x^2 + 2}$ 　　(4) $y = (2x - 5)^3$

(5) $y = (x^2 - 1)^3$ 　　(6) $y = \dfrac{1}{(3x^2 - 2)^2}$

(7) $y = \dfrac{1}{\sqrt{1 - x^2}}$ 　　(8) $y = \sqrt[3]{(x + 2)(x^2 + 2)}$

1.23 次の関数を微分せよ。

(1) $y = \sin(-3x^2 + 1)$ 　　(2) $y = \dfrac{1}{2 + \cos x}$

(3) $y = \dfrac{\cos x}{1 - \sin x}$ 　　(4) $y = e^x \cos x$

(5) $y = x\,e^{-3x}$ 　　(6) $y = \dfrac{e^x}{e^x + 1}$

(7) $y = x(\log x - 1)$ 　　(8) $y = \log(\sqrt{x} + 1)$

(9) $y = \log(x + \sqrt{x^2 + 1})$

1.24 $x = 3 + 2\sin\theta$, $y = 2 - 3\cos\theta$ と，関数 x, y が媒介変数 θ を通して定義されているとき，導関数 $\dfrac{dy}{dx}$ を θ の関数として求めよ。

1.25 $y = e^{-2x} \sin 2x$ のとき，y', y'' を求め[†]，等式 $y'' + 4y' + 8y = 0$ が成り立つことを示せ。

[†] 導関数 y' をさらに微分した関数を**第 2 次導関数**といい，y'', $f''(x)$, $\dfrac{d^2y}{dx^2}$, $\dfrac{d^2f(x)}{dx^2}$ などの記号で表す。

1.4.2 導関数の応用

〔1〕 接線　関数 $f(x)$ の $x=a$ における微分係数 $f'(a)$ は，曲線 $y=f(x)$ 上の点 $A(a, f(a))$ における接線の傾きを示している．したがって，点 A における接線の方程式は次式で与えられる（図 **1.6**）．

$$y - f(a) = f'(a)(x - a) \tag{1.25}$$

図 **1.6**　$y = f(x)$ と接線

〔2〕 極大と極小　微分係数 $f'(a)$ が接線の傾きを示すことを利用すると

$$\begin{array}{lll} f'(a) > 0 & \to \text{ 傾きが正 } \to & \text{曲線は右上がり} \\ f'(a) < 0 & \to \text{ 傾きが負 } \to & \text{曲線は右下がり} \\ f'(a) = 0 & \to \text{ 傾きが零 } \to & \text{曲線は頂上か谷底か}\cdots \end{array}$$

と判別でき，図 **1.7** の**増減表**により，極大（頂上）と極小（谷底）が求められる．極大・極小における関数 $f(x)$ の値を**極大値・極小値**といい，まとめて**極値**と呼ぶ[†1] [†2]．

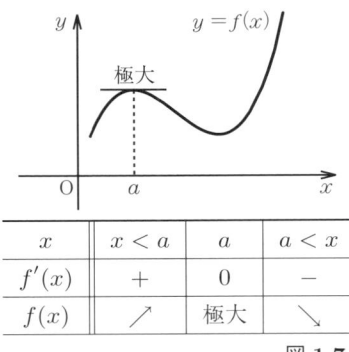
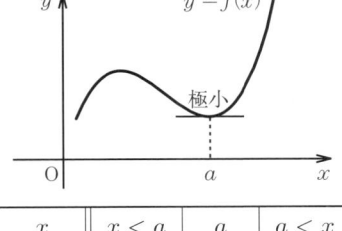

図 **1.7**　増　減　表

[†1] $f'(a)=0$ であっても，$x=a$ の前後で $f'(x)$ の符号が変わらなければ，$f(a)$ は極値ではない．すなわち，$f'(a)=0$ であっても $f(a)$ が極値であるとは限らない．

[†2] 極値が極大値か極小値かの判別は，第 2 次導関数 $f''(x)$ を用いてもわかる．$f'(a)=0$ のとき，$f''(a)>0$ ならば $f(a)$ は極小値，$f''(a)<0$ ならば極大値である．

例題 1.5 関数 $f(x) = \dfrac{4x+3}{x^2+1}$ に対し

(1) $x=0$ における接線の方程式を求めよ。

(2) 極値を求めよ。

(3) $-1 \leqq x \leqq 1$ における最大値と最小値を求めよ。

【解答】 微分して導関数を求める。

$$f'(x) = \frac{(4x+3)'(x^2+1) - (4x+3)(x^2+1)'}{(x^2+1)^2}$$

$$= \frac{4(x^2+1) - (4x+3)2x}{(x^2+1)^2} = \frac{-4x^2 - 6x + 4}{(x^2+1)^2}$$

$$= \frac{-2(x+2)(2x-1)}{(x^2+1)^2}$$

(1) $f(0) = 3,\ f'(0) = 4$ より，$x=0$ における接線の方程式は

$$y - 3 = 4(x - 0) \quad \therefore \quad y = 4x + 3$$

(2) $f'(x) = 0$ より $x = -2, \dfrac{1}{2}$，増減表は **表 1.1** となり，$x = -2$ で極小値 -1，$x = \dfrac{1}{2}$ で極大値 4 をとる（**図 1.8**）。

表 1.1

x	$\cdots$	-2	$\cdots$	$1/2$	$\cdots$
$f'(x)$	$-$	0	$+$	0	$-$
$f(x)$	↘	極小 -1	↗	極大 4	↘

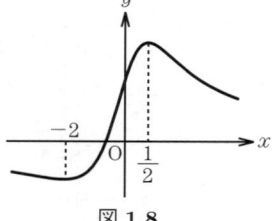

図 1.8

(3) 定義域 $-1 \leqq x \leqq 1$ を表 1.1 の増減表に加味すると **表 1.2** となり，$x = -1$ で最小値 $-\dfrac{1}{2}$，$x = \dfrac{1}{2}$ で最大値 4 をとる。

表 1.2

x	-1	$\cdots$	$1/2$	$\cdots$	1
$f'(x)$		$+$	0	$-$	
$f(x)$	$-\dfrac{1}{2}$	↗	極大 4	↘	$\dfrac{7}{2}$

演 習 問 題

1.26 指定した x の値における次の曲線の接線の方程式を求めよ。

(1) $y = \tan x \quad \left(x = \dfrac{\pi}{4} \right)$

(2) $\sqrt[3]{x^2} + \sqrt[3]{y^2} = 5 \quad (x = 8)$ [†1]

さらに，(1), (2) の指定された x の値における法線[†2]の方程式を求めよ。

1.27 次の関数の極値を求めよ。

(1) $y = x^2 e^{-2x}$

(2) $y = x^4 - 4x^3 + 9$

(3) $y = x + \sqrt{3} \sin x - \cos x \quad (0 \leqq x \leqq 2\pi)$

1.28 関数 $f(x) = \dfrac{x^2 + x - a}{x - 1}$ が $x = 3$ で極値をとるように，定数 a の値を定めよ。また，そのときの関数 $f(x)$ の極値を求めよ。

1.29 次の関数の最大値・最小値を求めよ。

(1) $y = 2x \sin x + 2 \cos x \quad (0 \leqq x \leqq 2\pi)$

(2) $y = x\sqrt{4 - x^2} \quad (-1 \leqq x \leqq 2)$

(3) $y = \dfrac{2x - 2}{x^2 + 1}$

> **付録** Excel VBA（A.3.3 項参照）

[†1] この曲線は右図のような形をしている。すなわち，$x = 8$ における接線は第 1 象限と第 4 象限に 2 本あることに注意すること。

[†2] **法線**は，接線に垂直な直線である。$x = a$ における接線の傾きが $f'(a)$ より，法線の傾きは $-\dfrac{1}{f'(a)}$ となる。したがって，法線の方程式は
$$y - f(a) = -\dfrac{1}{f'(a)}(x - a)$$
で与えられる。

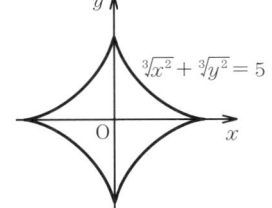

1.5 積　分　法

1.5.1 不　定　積　分

微分すると関数 $f(x)$ になる関数，すなわち $F'(x) = f(x)$ となる関数 $F(x)$ を $f(x)$ の**不定積分**（微分の逆演算）といい

$$\int f(x)\,dx = F(x) + C \tag{1.26}$$

と表す。ただし，C は**積分定数**と呼ばれる任意の定数である。

以下に，積分に関する公式を示す。

- 定数 k　　$\displaystyle\int k \cdot f(x)\,dx = k\int f(x)\,dx$ \hfill (1.27)

- 和差　　$\displaystyle\int \{f(x) \pm g(x)\}dx = \int f(x)\,dx \pm \int g(x)\,dx$ \hfill (1.28)

- 置換積分　$\displaystyle\int f(g(x))\,g'(x)\,dx = \int f(u)\,du$　ここで $u = g(x)$ \hfill (1.29)

- 部分積分　$\displaystyle\int f(x)\,g'(x)\,dx = f(x)\,g(x) - \int f'(x)\,g(x)\,dx$ \hfill (1.30)

例題 1.6　次の不定積分を求めよ。

(1) $\displaystyle\int \cos^2 x \, \sin x \, dx$ 　　　　(2) $\displaystyle\int x \sin x \, dx$

【解答】

(1) $u = \cos x$ とおくと，$u' = -\sin x$ なので，式 (1.29) より

$$\int \cos^2 x \, \sin x \, dx = \int u^2(-u')\,dx = -\int u^2\,du = -\frac{u^3}{3} + C = -\frac{\cos^3 x}{3} + C$$

$\left(u' = \dfrac{du}{dx} = -\sin x \text{ なので，} \sin x\,dx = -du \text{ と考えたほうが理解しやすい} \right)$

(2) 式 (1.30) を利用すると

$$\int x \sin x \, dx = \int x\,(-\cos x)'\,dx = x\,(-\cos x) - \int 1 \cdot (-\cos x)\,dx$$
$$= -x\cos x + \sin x + C \qquad \diamondsuit$$

1.5.2 定積分

関数 $f(x)$ の不定積分を $F(x)$ とするとき

$$\int_a^b f(x)\,dx = \Big[F(x)\Big]_a^b = F(b) - F(a) \tag{1.31}$$

を区間 $[a, b]$ における**定積分**という。特に，区間 $[a, b]$ で $f(x) \geqq 0$ ならば，式 (1.31) は $y = f(x)$ と x 軸に囲まれた領域の区間 $[a, b]$ の面積 S に等しい（図 **1.9**）。

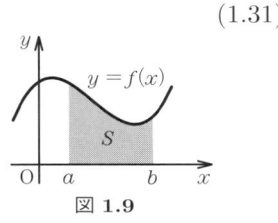

図 1.9

〔1〕 **曲線間の面積**　区間 $[a, b]$ で $f(x) \geqq g(x)$ ならば，二つの曲線 $f(x)$ と $g(x)$ に囲まれた領域の区間 $[a, b]$ の面積 S は

$$S = \int_a^b \{f(x) - g(x)\}\,dx \tag{1.32}$$

〔2〕 **回転体の体積**　$y = f(x)$，x 軸，区間 $[a, b]$ により定義される平面を x 軸の周りに 1 回転させた立体の体積 V は

$$V = \int_a^b \pi\{f(x)\}^2 dx = \pi \int_a^b y^2\,dx \tag{1.33}$$

例題 1.7　二つの曲線 $y = \sin x$，$y = \cos x$ と y 軸，直線 $x = \pi$ によって囲まれた図**1.10**の斜線部分の面積を求めよ。

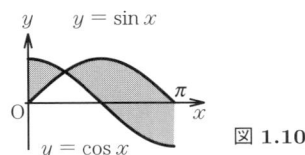

図 1.10

【**解答**】　二つの曲線の交点は $\sin x = \cos x$ の解 $(0 \leqq x \leqq \pi)$ なので

$$\sin x - \cos x = 0 \quad \rightarrow \quad \sqrt{2}\sin\left(x - \frac{\pi}{4}\right) = 0 \quad \rightarrow \quad x = \frac{\pi}{4}$$

図からもわかるように，区間 $[0, \pi/4]$ では $\cos x \geqq \sin x$，区間 $[\pi/4, \pi]$ では $\sin x \geqq \cos x$ なので，求める面積 S は

$$S = \int_0^{\pi/4} (\cos x - \sin x)\,dx + \int_{\pi/4}^{\pi} (\sin x - \cos x)\,dx$$

$$= \Big[\sin x + \cos x\Big]_0^{\pi/4} + \Big[-\cos x - \sin x\Big]_{\pi/4}^{\pi} = 2\sqrt{2} \qquad \diamondsuit$$

演 習 問 題

1.30 次の不定積分を求めよ．

(1) $\displaystyle\int \frac{3x^3 - 2x^2 + x - 1}{x^2}\,dx$ (2) $\displaystyle\int \frac{x-1}{\sqrt[3]{x^2}}\,dx$

(3) $\displaystyle\int \frac{1}{(1-x)^2}\,dx$ (4) $\displaystyle\int \sqrt[3]{3-2x}\,dx$

(5) $\displaystyle\int (e^x + e^{-x})^2\,dx$ (6) $\displaystyle\int 2^{2-x}\,dx$

1.31 次の不定積分を求めよ．

(1) $\displaystyle\int \frac{(\log x)^2}{x}\,dx$ (2) $\displaystyle\int x\sqrt{x^2+1}\,dx$

(3) $\displaystyle\int \sin^2 x \cos x\,dx$ (4) $\displaystyle\int \frac{\cos x}{\sin^2 x}\,dx$

(5) $\displaystyle\int \frac{2x-3}{x^2-3x+4}\,dx$ (6) $\displaystyle\int \frac{\sin x}{1+\cos x}\,dx$

1.32 次の不定積分を求めよ．

(1) $\displaystyle\int x \cos x\,dx$ (2) $\displaystyle\int x \log x\,dx$

(3) $\displaystyle\int x e^{2x}\,dx$ (4) $\displaystyle\int \frac{\log(x+1)}{x^2}\,dx$

1.33 次の曲線や直線によって囲まれた部分の面積を求めよ．

(1) $y = \dfrac{8}{x^2},\ y = x,\ x = 8y$

(2) $y = \sin x,\ y = \cos 2x,\ x = 0,\ x = 2\pi$　　$(0 \leqq x \leqq 2\pi)$

1.34 次の曲線や直線によって囲まれた部分を，指定された軸の周りに 1 回転してできる立体の体積を求めよ．

(1) $y = \cos x$　　$\left(\dfrac{\pi}{4} \leqq x \leqq \dfrac{\pi}{2}\right),\ x$ 軸, $x = \dfrac{\pi}{4}$　　(x 軸の周りに回転)

(2) $y = 1 - \sqrt{x},\ y$ 軸, x 軸　　(y 軸の周りに回転[†])

> 付録　Excel VBA（A.3.4 項参照）

[†] y 軸の周りに 1 回転させる場合，x 軸の周りに回転させた立体の体積；式 (1.33) の x, y を入れ替え，$V = \pi \displaystyle\int_a^b x^2\,dy$ と考えればよい．

1.6 集合と論理

いずれ皆さんは，論理回路やプログラム言語の授業で「集合や論理」を日常的に使うことになる。また，問題を解いたり，物を設計する場合にも「論理的思考」が必要になる。さらに，工学の言葉ともいえる数学にも「～ならば～」「必要十分条件」など独特の論理的表現があり，それらを的確に理解しなければならない。そこで本節では「数学的記述スタイル」の初歩的事項を紹介する。

1.6.1 集合とその演算

ものの集まりを**集合**という。以下に集合の一例を示す。
- 自然数すべての集合　$\mathcal{N} = \{0, 1, 2, 3, \cdots\}$
- 整数すべての集合　　$\mathcal{Z} = \{\cdots, -2, -1, 0, 1, 2, \cdots\}$
- 有理数すべての集合　$\mathcal{Q} = \{m/n \mid m, n \in \mathcal{Z}, n \neq 0\}$
- 実数すべての集合　　$\mathcal{R}$
- 複素数すべての集合　$\mathcal{C}$

数の集合はしばしば使われ，これらの特別な記号で表すのが一般的である。

〔**1**〕 **集合の表記**　集合は，以下のどちらかで表記される。
(1) 要素を列挙する。例えば，要素 a, b, c からなる集合を $\{a, b, c\}$ と書く。ただし，列挙する順序は関係ない。
(2) 要素の性質を示す。性質 $\mathcal{P}$ をもつ要素の集合は $\{x \mid 性質 \mathcal{P}\}$ と書く。例えば，$\{x \mid x \in \mathcal{R}, x > 0\}$ は，正の実数すべての集合を表す。

また，$x \in A$ は「x は集合 A の要素である」「x は集合 A に属する」を表し，$x \notin A$ は「x は集合 A の要素でない」ことを表す。

以下，二つの集合 A, B により定義される集合の演算を紹介する。

〔**2**〕 **部分集合・包含関係**　A の要素すべてが B の要素であるとき，「A は B の部分集合である」「A は B に含まれる」といい，$A \subseteq B$ と書く。B の部分集合には，B 自身や，要素のない空集合 ϕ も含まれる。また，$A \subseteq B$ か

つ $A \neq B$ のとき,「A は B の真部分集合である」といい, $A \subset B$ と書く.

〔**3**〕**補集合** $A \subset B$ のとき, A に属さない B の残りの要素すべての集合を A の補集合といい, $\overline{A}$ と書く. このとき $\overline{\overline{A}} = A$ が成り立つ. また, $A \subset B$ ならば $\overline{A} \supset \overline{B}$ となる. さらに, 差集合 $B - A$ を「B から A の要素を除いた集合」と定義すれば, $\overline{A} = B - A$ とも書ける.

〔**4**〕**和集合（合併集合）** A と B のどちらかに含まれる要素すべての集合を和集合または合併集合といい, $A \cup B$ と書く. $\cup$ を「または」と読めば理解しやすい.

〔**5**〕**積集合（共通集合）** A と B の両方に含まれる要素すべての集合を積集合または共通集合といい, $A \cap B$ と書く. $\cap$ を「かつ」と読めば理解しやすい.

集合とベン図の関係を図 **1.11** に示す. このベン図を見れば各種演算が容易に理解できるであろう. また, これらの演算に成り立つおもな法則を以下に示す.

$$\text{推移律：} A \subset B \text{ かつ } B \subset C \text{ ならば } A \subset C \tag{1.34}$$

$$\text{結合律：} A \cup (B \cup C) = (A \cup B) \cup C \tag{1.35}$$

$$\text{分配律：} A \cup (B \cap C) = (A \cup B) \cap (A \cup C) \tag{1.36}$$

$$\text{ド・モルガンの法則：} \overline{A \cup B} = \overline{A} \cap \overline{B} \tag{1.37}$$

これらの法則は, $\cup$ を $\cap$ に, $\cap$ を $\cup$ に置き換えても成り立つ.

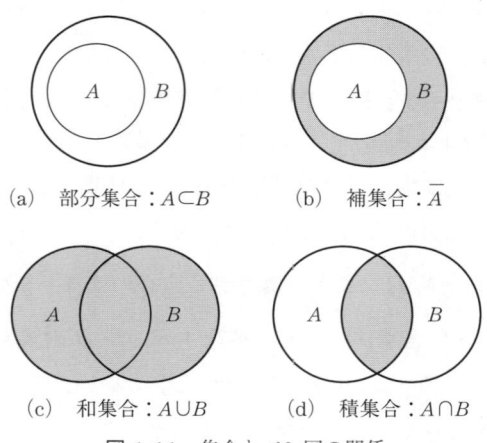

(a) 部分集合：$A \subset B$　　(b) 補集合：$\overline{A}$
(c) 和集合：$A \cup B$　　(d) 積集合：$A \cap B$

図 **1.11** 集合とベン図の関係

〔6〕**直積集合**　$a \in A$ と $b \in B$ の順序対 (a, b) を直積, その直積すべての集合を直積集合といい, $A \times B$ と書く. 直積は順序対なので, $a \neq b$ ならば $(a, b) \neq (b, a)$ である. もっと複数の集合の直積集合も同様に定義できる. 例えば, $A \times B \times C$ は $a \in A, b \in B, c \in C$ の 3 要素の順序対 (a, b, c) のすべての集合になる. この直積集合を用いれば, 実数の 2 次元平面 (2 次元ベクトル) は $\mathcal{R}^2 (= \mathcal{R} \times \mathcal{R})$, 3 次元は $\mathcal{R}^3$ と表すことができる.

1.6.2 論理とその演算

〔1〕**命　　題**　「真：正しい」「偽：正しくない」をはっきり決められる文や式を命題という. 例えば「$x > 2$」は, このままでは真偽が定まらず命題ではないが, x に値を代入すると真偽が定まり命題となる.

〔2〕**演　　算**　命題にも集合とまったく同じ演算が定義できる. ただし**表 1.3** のように, 演算子は異なる記号 $\Rightarrow$, $\vee$, $\wedge$ を用いる. 式 (1.34) ～ (1.37) も演算子を置き換えて, そのまま成り立つ. このうち, 仮定と結論の連鎖を示す推移律は, **三段論法**や**帰納法**など論理的思考の基本となっている.

表 1.3　命題の各種演算

集合 A, B の演算		命題 A, B の演算（演算子と意味）	
部分集合	$A \subset B$	$A \Rightarrow B$	仮定 A が真ならば, 結論 B も真
補 集 合	$\overline{A}$	$\overline{A}$	A の真偽の否定
和 集 合	$A \cup B$	$A \vee B$	A または B（どちらかが真ならば, 真）
積 集 合	$A \cap B$	$A \wedge B$	A かつ B（両方が真のときに限り, 真）

さて, 仮定 A と結論 B に対する命題「$A \Rightarrow B$」について, もう少し見ておこう. この命題は, A が真で B が偽であるときのみ, 偽となる. A を満たすが B を満たさない例を**反例**といい, 反例を一つ見つければ, 命題の偽が証明できる. A が偽の場合は, B の真偽に関係なく, 命題は真となる.

命題 $A \Rightarrow B$ が真のとき, A を B の**十分条件**, B を A の**必要条件**という. したがって, $(A \Rightarrow B) \wedge (B \Rightarrow A)$ が真であれば, A は B の**必要十分条件**となり,「$A \Leftrightarrow B$」あるいは「A iff B」と書く†. また, 命題 $A \Rightarrow B$ が真である

---

† iff は if and only if を縮めた単語である.

ためには,その**対偶** $\overline{B} \Rightarrow \overline{A}$ が真であることが必要十分となる。すなわち,命題が真であることの証明は,その対偶が真であることの証明に代えられる。これは**背理法**と呼ばれ,よく用いられる手法である。

〔**3**〕 **量 称** 数学の定理では,「任意の〜」「〜が存在する」という表現をよく見る。これらを量称といい,**全称記号** $\forall$ や**存在記号** $\exists$ で表す[†]。例えば, $\forall x [\mathcal{P}]$ は「任意の x に対して性質 $\mathcal{P}$ が成り立つ」, $\exists x [\mathcal{P}]$ は「性質 $\mathcal{P}$ を満たす x が存在する」を意味する。また,量称記号を含む命題の否定は, $\overline{\forall x [\mathcal{P}]} \Leftrightarrow \exists x [\overline{\mathcal{P}}]$, $\overline{\exists x [\mathcal{P}]} \Leftrightarrow \forall x [\overline{\mathcal{P}}]$ となる。

〔**4**〕 **論理回路** 命題(真,偽)は,電気回路のスイッチ(オン,オフ)に対応づけられる。さらに,スイッチのオン,オフを,信号 1, 0 に対応させれば,ディジタル回路で学ぶ論理回路がつくられる。

例えば,命題 $A \vee B$ (A または B) は, A, B のどちらかが真ならば,真になる。これをスイッチ回路に対応させれば,**図 1.12** (a) が得られる。スイッチ A, B のどちらかがオンであれば,電球が点灯する。対応する論理回路は,図 (b) になる。図中の OR 素子は,入力 A, B を与えると, A または B を表す論理式 $A + B$ の値を出力する。図中の表は,入力値と出力値の対応を示した動作表であり,**真理値表**と呼ばれる。この真理値表より, A, B のどちらかが 1 であれば 1 が出力され,「または」の動作が確認できる。

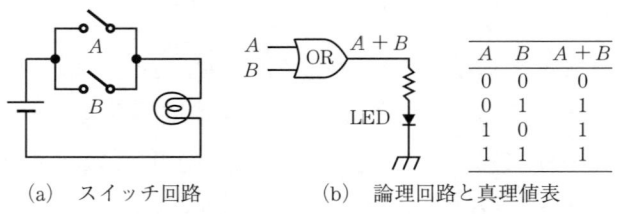

(a) スイッチ回路 　　(b) 論理回路と真理値表

図 **1.12** A または B のスイッチ回路

命題 $A \wedge B$ (A かつ B) に対応するスイッチ回路は**図 1.13** (a) になる。ス

[†] $\forall$ は Any の A を裏返した記号で for any と読む。 $\exists$ は Exist の E を裏返した記号で there exists と読む。

イッチ A, B がともにオンのときに限り，電球が点灯する．論理回路は図 (b) になる．AND 素子は，A かつ B を表す論理式 $A \cdot B$ の値を出力する．真理値表より，A, B がともに 1 のときだけ 1 が出力され，「かつ」の動作が確認できる．

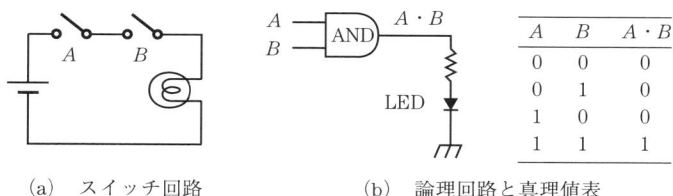

(a) スイッチ回路　　　　(b) 論理回路と真理値表

図 **1.13** A かつ B のスイッチ回路

命題 $\overline{A}$ に対応するスイッチ回路は図 **1.14** (a) になる．スイッチがオフのとき電球が点灯し，オンのときは光らない．論理回路は図 (b) になる．NOT 素子は，否定の論理値 $\overline{A}$ を出力し，真理値表より「否定」の動作が確認できる．

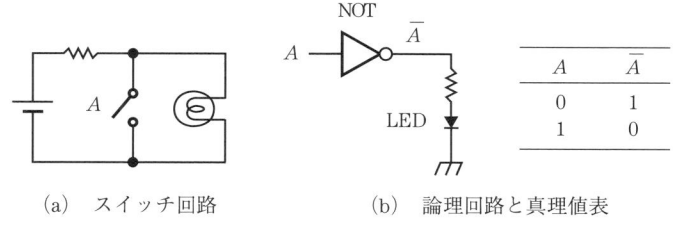

(a) スイッチ回路　　　　(b) 論理回路と真理値表

図 **1.14** A の否定 $\overline{A}$ のスイッチ回路

以上，集合，命題，論理回路と述べてきた．それぞれの演算子を**表 1.4** に整理しておく．

表 **1.4**

演 算	集 合	命 題	論理式と回路素子	
否 定	$\overline{A}$	$\overline{A}$	$\overline{A}$	NOT
または	$A \cup B$	$A \vee B$	$A + B$	OR
かつ	$A \cap B$	$A \wedge B$	$A \cdot B$	AND

演算子を置き換えれば，論理回路でも式 (1.35) 〜 (1.37) が成り立ち，回路の動作を記述する論理式を変形する際に活躍する．この論理回路は，2 進数で表現した数値の計算機能が実現でき，それがコンピュータの頭脳となっている．この重要な論理回路を教えてくれるディジタル回路の授業を楽しみに待とう．

2
1次関数と行列・ベクトル

　比例の関係を表す 1 次関数 $y = ax$ は，最も簡単な関数といえる．同時に，この関数はわれわれにとって最も有用な関数でもある．簡単な関数が有用であるのは理解しやすいということで幸運なことである．この章では，1 次関数を多変数の場合に拡張して，その応用を考える．

2.1　1　次　関　数

2.1.1　比例とその関係式

　y が x に比例するとき，その関係式は

$$\frac{y}{x} = a \tag{2.1}$$

と表される．ここに a は比例定数と呼ばれている．式 (2.1) は書き直すと

$$y = a\,x \tag{2.2}$$

となり，これは y が x の **1 次関数**†であることを意味する．

　いま，$y = b$ と固定してみると，式 (2.2) は

$$a\,x = b \tag{2.3}$$

となり，未知数 x についての 1 次方程式となる．もちろん，式 (2.3) の解は $a \neq 0$ の場合

---

†　線形 (linear) 関数ともいう．

$$x = a^{-1} b \tag{2.4}$$

で与えられる。$a = 0$ の場合は，$b \neq 0$ の場合は解は存在せず，$b = 0$ の場合は任意の実数が解となる。

さて，式 (2.2) の右辺を左辺に移項すれば

$$a x - y = 0$$

となる。y の係数にもパラメータを与えると，一般に

$$a x + b y = 0 \tag{2.5}$$

となる。この関係式は x と y の関係が比例の関係にあることをより一般的に表しているといえよう。つまり，式 (2.5) では独立変数 x，従属変数 y という関係がなくなり両者が対等の関係にある変数となっている。

式 (2.5) の関係式は，関数

$$z = a x + b y \tag{2.6}$$

の $z = 0$ の場合を表したものと考えることができる。式 (2.6) は二つの独立変数 x, y の関数である。この場合，z は 2 変数 x と y に関する 1 次関数という。

この考え方を一般化して，n 個の変数 $x_1, x_2, \cdots, x_n$[†1] についての関係式

$$z = a_1 x_1 + a_2 x_2 + \cdots + a_n x_n \tag{2.7}$$

を考えることができる。z は変数 $x_1, x_2, \cdots, x_n$ についての 1 次式と呼ばれている。これはまた，z は変数 $x_1, x_2, \cdots, x_n$ について線形であるともいう。

添字変数 x_i を使った利点の一つは，式 (2.7) を次のように「あいまいさ[†2]を含まない式」として書き下せることである。

[†1] このように変数の個数が多くなると，それぞれの変数を表すのにアルファベットの文字をたくさん使わなければならなくなる。このような場合には，アルファベットの文字数を少なくして，その代わりに添字をつけた変数で表すと便利である。

[†2] 式 (2.7) に含まれている記号 $\cdots$ は，この式を見る人が自然に推論する結果を期待した書き方といえる。

$$z = \sum_{i=1}^{n} a_i x_i \tag{2.8}$$

ここで，独立変数を増やして n 個の変数を使った n 変数関数の考え方にたどり着いた。それでは，従属変数の個数を増やした場合はどうなるのであろうか。一番簡単な場合として，独立変数が 1 個 (x)，従属変数が 2 個 (y_1, y_2) の場合を考えてみよう。

$$\left. \begin{array}{l} y_1 = a_1 x \\ y_2 = a_2 x \end{array} \right\} \tag{2.9}$$

となる。式 (2.9) は，式 (2.2) の比例の関係式を 2 個同時に考えることにほかならない。しかし比例定数 a_1, a_2 は一般に違うので，同じ x に対して y_1 と y_2 は異なった値をとることとなる。

次に，独立変数を 2 個に増やしてみよう。

$$\left. \begin{array}{l} y_1 = a_1 x_1 + b_1 x_2 \\ y_2 = a_2 x_1 + b_2 x_2 \end{array} \right\} \tag{2.10}$$

式 (2.10) は各比例定数を同じ文字で表し，その代わりに添字を 2 個に増やして書き表すとわかりやすくなる。すなわち

$$\left. \begin{array}{l} y_1 = a_{11} x_1 + a_{12} x_2 \\ y_2 = a_{21} x_1 + a_{22} x_2 \end{array} \right\} \tag{2.11}$$

と表すとよい。ここで a_{11} は a eleven ではなく，a one one を表す。すなわち添字は 2 個付いている。

2.1.2 行列とベクトルを使った表示

式 (2.11) の関係式は，一組の変数 (x_1, x_2) を他の変数 (y_1, y_2) に写す（変換する）**写像**(mapping)[†]と見ることができる。この写像を特徴づけるのは，4 個のパラメータ a_{ij} である。すなわち，a_{ij} の並び

[†] 写像は関数を一般化した用語で，多変数間の関数関係を表す場合に用いられる。

$$\begin{bmatrix} a_{11} & a_{12} \\ a_{21} & a_{22} \end{bmatrix} \tag{2.12}$$

を与えると，式 (2.11) は完全に決定されてしまう．式 (2.12) は数を正方形状に並べたものである．一般に，数を長方形状に並べたものを**行列**(matrix) といい，そのおのおのの数 a_{ij} を行列の**成分**(element) という．

行列の横の数の並びを**行** (row)，縦の並びを**列** (column) という．行は上から順に第 1 行，第 2 行，$\cdots$ といい，列は左から順に第 1 列，第 2 列，$\cdots$ という．

行列は，その行数と列数によって型が区別される．例えば

$$\begin{bmatrix} a_1 & a_2 \end{bmatrix}, \quad \begin{bmatrix} x_1 \\ x_2 \end{bmatrix}, \quad \begin{bmatrix} a_{11} & a_{12} \\ a_{21} & a_{22} \end{bmatrix}, \quad \begin{bmatrix} a_{11} & a_{12} & a_{13} \\ a_{21} & a_{22} & a_{23} \end{bmatrix}$$

は，左から順に 1 行 2 列の行列，2 行 1 列の行列，2 行 2 列の行列，2 行 3 列の行列である．これらは簡単に，1×2 行列，2×1 行列，2×2 行列，2×3 行列ともいう．一般に m 行 n 列の行列を $m \times n$ 行列という．

特に，行数と列数が等しい $n \times n$ 行列を，n 次の**正方行列** (square matrix) という．式 (2.12) は 2 次の正方行列である．また，1 行だけからできている行列を**行ベクトル** (row vector)，1 列だけからできている行列を**列ベクトル** (column vector) という†．

最後に，1×1 行列は，単に通常の数である．これを行列と区別して呼ぶときは**スカラー** (scalar) という．

行列とベクトルを使って，式 (2.11) は次式のように表すことができる．

$$\begin{bmatrix} y_1 \\ y_2 \end{bmatrix} = \begin{bmatrix} a_{11} & a_{12} \\ a_{21} & a_{22} \end{bmatrix} \begin{bmatrix} x_1 \\ x_2 \end{bmatrix} \tag{2.13}$$

そこで，いま，それぞれのベクトルや行列に次のような名前をつけて表すことにしよう．

---

† 本書では，列ベクトルつまり縦長の $n \times 1$ 行列を単に「ベクトル」，行ベクトルをくだけた言い方で「横長ベクトル」ということにする．

$$\mathbf{y} = \begin{bmatrix} y_1 \\ y_2 \end{bmatrix}, \quad \mathbf{A} = \begin{bmatrix} a_{11} & a_{12} \\ a_{21} & a_{22} \end{bmatrix}, \quad \mathbf{x} = \begin{bmatrix} x_1 \\ x_2 \end{bmatrix} \tag{2.14}$$

このとき，式 (2.13) は簡単に次式のように表すことができる．

$$\mathbf{y} = \mathbf{A}\mathbf{x} \tag{2.15}$$

この式を，最初の 1 次関数の式 (2.2) と比較してほしい．その類似性に驚くであろう．このように n 個の変数に関する m 個の 1 次同次式を「ひとまとめに」考える道具として行列やベクトルを使い，1 次関数の性質を整理するのが**線形代数** (linear algebra) と呼ばれる数学である．

ここで問題となることは，行列やベクトルの間の計算のルールがどうなっているのかということである．次にこれを定義しよう．

2.1.3　行列の和・差と積

行列 $\mathbf{A}$，$\mathbf{B}$ が同じ型であって，かつ，その対応する成分がそれぞれ等しいとき，$\mathbf{A}$ と $\mathbf{B}$ は**等しい**といい，$\mathbf{A} = \mathbf{B}$ と書く．

成分がすべて零の行列 $\mathbf{O}$ を**零行列** (zero matrix) という．また，n 次の正方行列で左上から右下への対角線上の成分がすべて 1 で，その他の成分がすべて 0 の行列を，n 次の**単位行列** (identity matrix, unit matrix) という．単位行列は通常 $\mathbf{E}$ や $\mathbf{I}$ と書く．特に n 次であることを示す必要のあるときは，$\mathbf{I}_n$ のように添字を付して書く．例えば

$$\mathbf{I}_2 = \begin{bmatrix} 1 & 0 \\ 0 & 1 \end{bmatrix}, \quad \mathbf{I}_3 = \begin{bmatrix} 1 & 0 & 0 \\ 0 & 1 & 0 \\ 0 & 0 & 1 \end{bmatrix}$$

は，それぞれ 2 次および 3 次の単位行列である．

行列の和・差や積については，高校の「数学 C」で一通り勉強しているであろう．ここではそれらのルールを 2×2 の行列を例にして，**表 2.1** にまとめておく．

表 2.1 行列の演算表

和・差	$\begin{bmatrix} a_{11} & a_{12} \\ a_{21} & a_{22} \end{bmatrix} \pm \begin{bmatrix} b_{11} & b_{12} \\ b_{21} & b_{22} \end{bmatrix} = \begin{bmatrix} a_{11} \pm b_{11} & a_{12} \pm b_{12} \\ a_{21} \pm b_{21} & a_{22} \pm b_{22} \end{bmatrix}$
スカラー倍	$k \begin{bmatrix} a_{11} & a_{12} \\ a_{21} & a_{22} \end{bmatrix} = \begin{bmatrix} k a_{11} & k a_{12} \\ k a_{21} & k a_{22} \end{bmatrix}$
積	$\begin{bmatrix} a_{11} & a_{12} \\ a_{21} & a_{22} \end{bmatrix} \begin{bmatrix} x_1 \\ x_2 \end{bmatrix} = \begin{bmatrix} a_{11} x_1 + a_{12} x_2 \\ a_{21} x_1 + a_{22} x_2 \end{bmatrix}$ $\begin{bmatrix} a_{11} & a_{12} \\ a_{21} & a_{22} \end{bmatrix} \begin{bmatrix} b_{11} & b_{12} \\ b_{21} & b_{22} \end{bmatrix} = \begin{bmatrix} a_{11} b_{11} + a_{12} b_{21} & a_{11} b_{12} + a_{12} b_{22} \\ a_{21} b_{11} + a_{22} b_{21} & a_{21} b_{12} + a_{22} b_{22} \end{bmatrix}$ $\begin{bmatrix} a_1 & a_2 \end{bmatrix} \begin{bmatrix} x_1 \\ x_2 \end{bmatrix} = a_1 x_1 + a_2 x_2$ $\begin{bmatrix} a_1 \\ a_2 \end{bmatrix} \begin{bmatrix} b_1 & b_2 \end{bmatrix} = \begin{bmatrix} a_1 b_1 & a_1 b_2 \\ a_2 b_1 & a_2 b_2 \end{bmatrix}$
積のルール	実数 k : $(k\mathbf{A})\mathbf{B} = \mathbf{A}(k\mathbf{B}) = k(\mathbf{AB})$ 結合則 : $(\mathbf{AB})\mathbf{C} = \mathbf{A}(\mathbf{BC})$ 分配則 : $(\mathbf{A} + \mathbf{B})\mathbf{C} = \mathbf{AC} + \mathbf{BC}$ $\mathbf{A}(\mathbf{B} + \mathbf{C}) = \mathbf{AB} + \mathbf{AC}$
逆行列	$\begin{bmatrix} a_{11} & a_{12} \\ a_{21} & a_{22} \end{bmatrix}^{-1} = \dfrac{1}{a_{11} a_{22} - a_{12} a_{21}} \begin{bmatrix} a_{22} & -a_{12} \\ -a_{21} & a_{11} \end{bmatrix}$

演 習 問 題

2.1 行列 $\mathbf{A} = \begin{bmatrix} 2 & 1 \\ 4 & 3 \end{bmatrix}$, $\mathbf{B} = \begin{bmatrix} 5 & 2 \\ 1 & 4 \end{bmatrix}$ のとき,以下 (1)〜(4) を求めよ.

(1) $2\mathbf{B} - 3\mathbf{A}$　　(2) $4\mathbf{AB}$　　(3) $\mathbf{A}^{-1}\mathbf{B}$　　(4) $\mathbf{AX} = \mathbf{B}$ を満たす行列 $\mathbf{X}$

2.2 行列 $\mathbf{A} = \begin{bmatrix} 1 & 5 \\ 2 & 7 \end{bmatrix}$ が等式 $\mathbf{A}^2 + x\mathbf{A} + y\mathbf{E} = \mathbf{O}$ を満たすとき,x, y の値を求めよ.ただし,$\mathbf{E}$ は 2 次の単位行列,$\mathbf{O}$ は 2 次の零行列とする.

2.1.4 ブロック行列

〔1〕 **行列のブロック行列への分解**　次の行列

$$\mathbf{A} = \begin{bmatrix} 1 & 2 & 1 & 2 \\ 3 & 4 & 3 & 4 \\ 1 & 2 & 1 & 2 \\ 3 & 4 & 3 & 4 \end{bmatrix}$$

をよく見てほしい。この行列は，次の行列

$$\mathbf{B} = \begin{bmatrix} 1 & 2 \\ 3 & 4 \end{bmatrix}$$

を4個繰り返し使って

$$\mathbf{A} = \begin{bmatrix} \mathbf{B} & \mathbf{B} \\ \mathbf{B} & \mathbf{B} \end{bmatrix}$$

のようにしてつくられた行列と見ることもできる。このように，行列を適切な型の行列からつくられた行列[†]とみなすことを，**ブロック行列** (block matrix) に分解する，あるいはブロック行列からつくられているという。

ブロック行列を考えると，通常の行列をいろいろなブロックに分解して扱うことができる。このことは行列の積演算を行う際に見通しをよくすることがある。したがって，ブロックで考えることに慣れておくと便利である。

特に，行列を列ベクトルや行ベクトルに分解して考えることがよくある。行列

$$\mathbf{A} = [a_{ij}] = \begin{bmatrix} a_{11} & a_{12} & \cdots & a_{1m} \\ a_{21} & a_{22} & \cdots & a_{2m} \\ \vdots & \vdots & \ddots & \vdots \\ a_{n1} & a_{n2} & \cdots & a_{nm} \end{bmatrix} \tag{2.16}$$

を例にとってこの分解を行ってみよう。m 個の列ベクトル

[†] 行列の各成分が，じつは行列であったと考えてもよい。すなわち，入れ子になった行列とみることもできる。

$$\mathbf{a}_1 = \begin{bmatrix} a_{11} \\ a_{21} \\ \vdots \\ a_{n1} \end{bmatrix}, \quad \mathbf{a}_2 = \begin{bmatrix} a_{12} \\ a_{22} \\ \vdots \\ a_{n2} \end{bmatrix}, \cdots, \quad \mathbf{a}_m = \begin{bmatrix} a_{1m} \\ a_{2m} \\ \vdots \\ a_{nm} \end{bmatrix} \tag{2.17}$$

と n 個の行ベクトル

$$\left.\begin{aligned} \mathbf{a}^1 &= \begin{bmatrix} a_{11} & a_{12} & \cdots & a_{1m} \end{bmatrix} \\ \mathbf{a}^2 &= \begin{bmatrix} a_{21} & a_{22} & \cdots & a_{2m} \end{bmatrix} \\ &\vdots \\ \mathbf{a}^n &= \begin{bmatrix} a_{n1} & a_{n2} & \cdots & a_{nm} \end{bmatrix} \end{aligned}\right\} \tag{2.18}$$

を用いて，行列 $\mathbf{A}$ は次のようにブロック行列に分解して書くことができる．

$$\mathbf{A} = \begin{bmatrix} \mathbf{a}_1 & \mathbf{a}_2 & \cdots & \mathbf{a}_m \end{bmatrix} = \begin{bmatrix} \mathbf{a}^1 \\ \mathbf{a}^2 \\ \vdots \\ \mathbf{a}^n \end{bmatrix} \tag{2.19}$$

〔2〕 **行列の固有値と固有ベクトル** ブロック行列に分解して考えると整理できる例を一つあげておこう．いま，2×2 行列

$$\mathbf{A} = \begin{bmatrix} a_{11} & a_{12} \\ a_{21} & a_{22} \end{bmatrix} \tag{2.20}$$

が二つのベクトル

$$\mathbf{h}_1 = \begin{bmatrix} h_{11} \\ h_{21} \end{bmatrix}, \quad \mathbf{h}_2 = \begin{bmatrix} h_{12} \\ h_{22} \end{bmatrix} \tag{2.21}$$

と二つの異なるスカラー λ_1, λ_2 を用いて，次の関係式を満たすとしよう．

$$\mathbf{A}\mathbf{h}_1 = \lambda_1 \mathbf{h}_1, \quad \mathbf{A}\mathbf{h}_2 = \lambda_2 \mathbf{h}_2 \tag{2.22}$$

このとき，ベクトル $\mathbf{h}_1, \mathbf{h}_2$ を行列 $\mathbf{A}$ の**固有ベクトル** (eigen vector)，スカラー λ_1, λ_2 を行列 $\mathbf{A}$ の**固有値** (eigen value) という．

さて，式 (2.22) をブロック行列を用いて一つの式に書き直すことを考える。右辺と左辺のベクトルを並べて書くと次式となる。

$$\begin{bmatrix} \mathbf{A}\mathbf{h}_1 & \mathbf{A}\mathbf{h}_2 \end{bmatrix} = \begin{bmatrix} \lambda_1 \mathbf{h}_1 & \lambda_2 \mathbf{h}_2 \end{bmatrix} \tag{2.23}$$

式 (2.23) の右辺と左辺は，行列の積を使って次のように書くことができる。

$$\mathbf{A} \begin{bmatrix} \mathbf{h}_1 & \mathbf{h}_2 \end{bmatrix} = \begin{bmatrix} \mathbf{h}_1 & \mathbf{h}_2 \end{bmatrix} \begin{bmatrix} \lambda_1 & 0 \\ 0 & \lambda_2 \end{bmatrix} \tag{2.24}$$

最後に，二つの列ベクトルからなるブロック行列を 2×2 行列

$$\mathbf{H} = \begin{bmatrix} \mathbf{h}_1 & \mathbf{h}_2 \end{bmatrix} = \begin{bmatrix} h_{11} & h_{12} \\ h_{21} & h_{22} \end{bmatrix} \tag{2.25}$$

と定義し，式 (2.24) を書き直すと次式となる。

$$\mathbf{A}\mathbf{H} = \mathbf{H} \begin{bmatrix} \lambda_1 & 0 \\ 0 & \lambda_2 \end{bmatrix} \tag{2.26}$$

2.2 連立1次方程式

2.2.1 2元連立1次方程式

二つの未知数 x_1, x_2 をもつ一般の**連立1次方程式** (linear equation)

$$\left. \begin{array}{l} a_{11} x_1 + a_{12} x_2 = b_1 \\ a_{21} x_1 + a_{22} x_2 = b_2 \end{array} \right\} \tag{2.27}$$

を解いて，解の公式をつくろう。ここで，未知数以外の数は与えられた数とする。

まず，式 (2.27) の第1式に a_{22} を掛け，第2式に a_{12} を掛けて引くと

$$(a_{11} a_{22} - a_{12} a_{21}) x_1 = a_{22} b_1 - a_{12} b_2 \tag{2.28}$$

同様に，式 (2.27) の第2式に a_{11} を掛け，第1式に a_{21} を掛けて引くと

$$(a_{11} a_{22} - a_{12} a_{21}) x_2 = a_{11} b_2 - a_{21} b_1 \tag{2.29}$$

したがって，$a_{11} a_{22} - a_{12} a_{21} \neq 0$ の場合，式 (2.28), (2.29) より

$$x_1 = \frac{a_{22} b_1 - a_{12} b_2}{a_{11} a_{22} - a_{12} a_{21}}, \quad x_2 = \frac{a_{11} b_2 - a_{21} b_1}{a_{11} a_{22} - a_{12} a_{21}} \tag{2.30}$$

と解が求められる．これが式 (2.27) の解の公式である．$a_{11} a_{22} - a_{12} a_{21} = 0$ の場合には，解がなかったり，あるいは無限に多くの解があったりする．このことについては，2.3.5 項で考えることにしよう．

解の公式 (2.30) は，行列

$$\mathbf{A} = \begin{bmatrix} a_{11} & a_{12} \\ a_{21} & a_{22} \end{bmatrix} \tag{2.31}$$

からつくられる**行列式** (determinant) と呼ばれる数 $\det \mathbf{A}$ を用いると簡単に覚えられる．$\det \mathbf{A}$ は次式で定義される．

$$\det \mathbf{A} = |\mathbf{A}| = \begin{vmatrix} a_{11} & a_{12} \\ a_{21} & a_{22} \end{vmatrix} = a_{11} a_{22} - a_{12} a_{21} \tag{2.32}$$

そこで解の公式 (2.30) は，行列式

$$\begin{vmatrix} b_1 & a_{12} \\ b_2 & a_{22} \end{vmatrix} = a_{22} b_1 - a_{12} b_2, \quad \begin{vmatrix} a_{11} & b_1 \\ a_{21} & b_2 \end{vmatrix} = a_{11} b_2 - a_{21} b_1 \tag{2.33}$$

を使って，次式のように表すことができる．

$$x_1 = \frac{\begin{vmatrix} b_1 & a_{12} \\ b_2 & a_{22} \end{vmatrix}}{\begin{vmatrix} a_{11} & a_{12} \\ a_{21} & a_{22} \end{vmatrix}}, \quad x_2 = \frac{\begin{vmatrix} a_{11} & b_1 \\ a_{21} & b_2 \end{vmatrix}}{\begin{vmatrix} a_{11} & a_{12} \\ a_{21} & a_{22} \end{vmatrix}} \tag{2.34}$$

この解の公式 (2.34) は**クラーメル** (Cramer) **の公式**と呼ばれている．

一方，連立方程式 (2.27) は，式 (2.31) の行列 $\mathbf{A}$ とベクトル

$$\mathbf{x} = \begin{bmatrix} x_1 \\ x_2 \end{bmatrix}, \quad \mathbf{b} = \begin{bmatrix} b_1 \\ b_2 \end{bmatrix} \tag{2.35}$$

を用いて次式のように書くことができる。

$$\mathbf{A}\mathbf{x} = \mathbf{b} \tag{2.36}$$

行列 $\mathbf{A}$ の逆行列 (inverse matrix) $\mathbf{A}^{-1}$ を，性質

$$\mathbf{A}\mathbf{A}^{-1} = \mathbf{A}^{-1}\mathbf{A} = \mathbf{I}_2 \tag{2.37}$$

をもつ行列で定義すると，$\det \mathbf{A} \neq 0$ ならば $\mathbf{A}^{-1}$ が存在し

$$\mathbf{A}^{-1} = \frac{1}{\det \mathbf{A}} \begin{bmatrix} a_{22} & -a_{12} \\ -a_{21} & a_{11} \end{bmatrix} \tag{2.38}$$

と計算できる。したがって，式 (2.36) の両辺に左から逆行列 $\mathbf{A}^{-1}$ を掛けると

$$\mathbf{A}^{-1}\mathbf{A}\mathbf{x} = \mathbf{x} = \mathbf{A}^{-1}\mathbf{b} = \frac{1}{\det \mathbf{A}} \begin{bmatrix} a_{22} & -a_{12} \\ -a_{21} & a_{11} \end{bmatrix} \begin{bmatrix} b_1 \\ b_2 \end{bmatrix} \tag{2.39}$$

となり，解の公式 (2.30) をベクトルで表した公式を得る。

2.2.2 行　列　式

行列式は，高校の数学では習わなかった新しい考え方の一つである。もっとも 2×2 行列の逆行列を求める際に，各成分の分母としてすでに使っていた。それを行列式と教えられなかったのは，たぶん行列式の定義が複雑となるからであろう。

ここで改めて行列式について，いくつかの事柄を述べておこう。まず，次のことを注意する。

(1) 行列式は数である。行列のように「数を並べた表」ではなく，行列から「一定のルールにしたがって計算した数」である。

(2) 行列式は，正方行列にしか定義されていない。

(3) 2×2 や 3×3 の正方行列では，行列式は比較的簡単に計算できる。しかし，次数 n の正方行列に対応した行列式は，n 個の成分の積を $n!$ 個加えたものとなり，次数 n が大きくなると計算が非常に煩雑となる。

電気回路の計算に応用することから考えると，2×2 と 3×3 の正方行列の行列式が計算できれば十分であり，それ以上の次数の行列式が必要となった場合には計算機を利用すればよいであろう。したがって，ここでは 2×2 と 3×3 の正方行列についての行列式の定義を与える。

● 2×2 の行列式の定義

$$\begin{vmatrix} a_{11} & a_{12} \\ a_{21} & a_{22} \end{vmatrix} = a_{11}\,a_{22} - a_{12}\,a_{21} \tag{2.40}$$

● 3×3 の行列式の定義

$$\begin{vmatrix} a_{11} & a_{12} & a_{13} \\ a_{21} & a_{22} & a_{23} \\ a_{31} & a_{32} & a_{33} \end{vmatrix} = \begin{array}{l} a_{11}\,a_{22}\,a_{33} - a_{11}\,a_{23}\,a_{32} + a_{12}\,a_{23}\,a_{31} \\ - a_{12}\,a_{21}\,a_{33} + a_{13}\,a_{21}\,a_{32} - a_{13}\,a_{22}\,a_{31} \end{array} \tag{2.41}$$

これらの**積和のルール**は図 **2.1** のようになっている。このルールは右斜め下方向の積は $+$，左斜め下方向は $-$ という単純なもので覚えておくと便利である。

(a) 2×2 の正方行列　　(b) 3×3 の正方行列

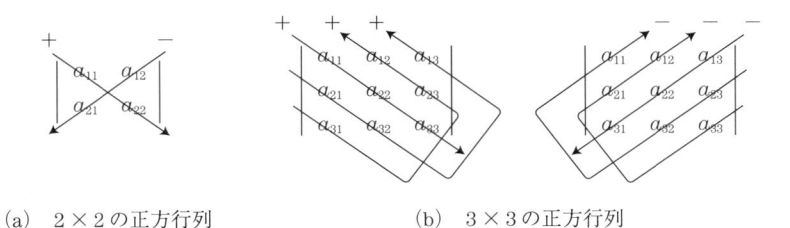

図 **2.1**　行列式の積和のルール

式 (2.41) は，よく見ると次のようにも書ける。

$$\text{式 (2.41)} = a_{11} \begin{vmatrix} a_{22} & a_{23} \\ a_{32} & a_{33} \end{vmatrix} - a_{12} \begin{vmatrix} a_{21} & a_{23} \\ a_{31} & a_{33} \end{vmatrix} + a_{13} \begin{vmatrix} a_{21} & a_{22} \\ a_{31} & a_{32} \end{vmatrix} \tag{2.42}$$

これは 3×3 の行列式を，第 1 行の成分 a_{11}, a_{12}, a_{13} を用いて 2×2 の行列式に展開した形となっている。この展開はどの行や列を用いてもできる。展開する際の符号は a_{11} 成分から順に $+$，$-$ が交互に繰り返される。このように，次数 n の行列式は次数 $n-1$ の行列式に展開できる。

● 行列式のいくつかの性質

(1) 二つの行（または列）を入れ替えると，行列式はその符号が変化する。

$$\begin{vmatrix} a_{11} & a_{12} & a_{13} \\ a_{21} & a_{22} & a_{23} \\ a_{31} & a_{32} & a_{33} \end{vmatrix} = - \begin{vmatrix} a_{11} & a_{12} & a_{13} \\ a_{31} & a_{32} & a_{33} \\ a_{21} & a_{22} & a_{23} \end{vmatrix} \tag{2.43}$$

(2) 性質 (1) より，二つの行（または列）が等しい行列式の値は 0 である。

$$\begin{vmatrix} a_{11} & a_{12} & a_{13} \\ a_{21} & a_{22} & a_{23} \\ a_{21} & a_{22} & a_{23} \end{vmatrix} = 0 \tag{2.44}$$

(3) 一つの行（または列）の各成分が二つの数の和で表されている場合，この行列式は，和の各項を成分とする二つの行列式の和に等しくなる。

$$\begin{vmatrix} a_{11}+b_{11} & a_{12}+b_{12} \\ a_{21} & a_{22} \end{vmatrix} = \begin{vmatrix} a_{11} & a_{12} \\ a_{21} & a_{22} \end{vmatrix} + \begin{vmatrix} b_{11} & b_{12} \\ a_{21} & a_{22} \end{vmatrix} \tag{2.45}$$

(4) 一つの行（または列）の各成分を k 倍すれば，行列式の値も k 倍になる。

$$\begin{vmatrix} a_{11} & a_{12} \\ k a_{21} & k a_{22} \end{vmatrix} = k \begin{vmatrix} a_{11} & a_{12} \\ a_{21} & a_{22} \end{vmatrix} \tag{2.46}$$

(5) 性質 (2)〜(4) より，一つの行（または列）を k 倍して，これを他の行（または列）に加えても行列式の値は変わらない。

$$\begin{vmatrix} a_{11}+ka_{31} & a_{12}+ka_{32} & a_{13}+ka_{33} \\ a_{21} & a_{22} & a_{23} \\ a_{31} & a_{32} & a_{33} \end{vmatrix} = \begin{vmatrix} a_{11} & a_{12} & a_{13} \\ a_{21} & a_{22} & a_{23} \\ a_{31} & a_{32} & a_{33} \end{vmatrix} \tag{2.47}$$

(6) 一つの行（または列）において非零成分が一つしかなければ，行列式の次数を一つ減らすことができる。

$$\begin{vmatrix} a_{11} & 0 & 0 \\ a_{21} & a_{22} & a_{23} \\ a_{31} & a_{32} & a_{33} \end{vmatrix} = a_{11} \begin{vmatrix} a_{22} & a_{23} \\ a_{32} & a_{33} \end{vmatrix} \tag{2.48}$$

(7) 行と列を入れ替えても行列式の値は変わらない。
$$|\mathbf{A}^t| = |\mathbf{A}| \tag{2.49}$$

ここに，$\mathbf{A}^t$ は行列 $\mathbf{A} = [a_{ij}]$ の行と列を入れ替えた行列 $\mathbf{A}^t = [a_{ji}]$ を表す．この $\mathbf{A}^t$ を行列 $\mathbf{A}$ の**転置行列** (transposed matrix) という．

2.2.3　3 元連立 1 次方程式

三つの未知数 x_1, x_2, x_3 をもつ 3 元連立 1 次方程式
$$\left.\begin{array}{l} a_{11}\,x_1 + a_{12}\,x_2 + a_{13}\,x_3 = b_1 \\ a_{21}\,x_1 + a_{22}\,x_2 + a_{23}\,x_3 = b_2 \\ a_{31}\,x_1 + a_{32}\,x_2 + a_{33}\,x_3 = b_3 \end{array}\right\} \tag{2.50}$$

の解を与えるクラーメルの公式を考えよう．

2 元の場合のクラーメルの公式 (2.34) と同様の考え方をすればよく

● 分母は，式 (2.50) の左辺の係数行列の行列式
$$\Delta = \begin{vmatrix} a_{11} & a_{12} & a_{13} \\ a_{21} & a_{22} & a_{23} \\ a_{31} & a_{32} & a_{33} \end{vmatrix} \tag{2.51}$$

● 分子は，係数行列の第 i 列を式 (2.50) の右辺に置き換えた行列の行列式
$$\left.\begin{array}{l} x_1 = \dfrac{1}{\Delta} \begin{vmatrix} b_1 & a_{12} & a_{13} \\ b_2 & a_{22} & a_{23} \\ b_3 & a_{32} & a_{33} \end{vmatrix}, \quad x_2 = \dfrac{1}{\Delta} \begin{vmatrix} a_{11} & b_1 & a_{13} \\ a_{21} & b_2 & a_{23} \\ a_{31} & b_3 & a_{33} \end{vmatrix} \\[2em] x_3 = \dfrac{1}{\Delta} \begin{vmatrix} a_{11} & a_{12} & b_1 \\ a_{21} & a_{22} & b_2 \\ a_{31} & a_{32} & b_3 \end{vmatrix} \end{array}\right\} \tag{2.52}$$

となる．4 元以上のクラーメルの公式も同様の考え方で導出できる．

例題 2.1 例題 1.1 の 3 元連立 1 次方程式をクラーメルの公式を用いて解き，同じ解が得られることを確かめよ。

【解答】
$$\Delta = \begin{vmatrix} 1 & 1 & 3 \\ 4 & 5 & 2 \\ 5 & 2 & 3 \end{vmatrix} = 15 + 24 + 10 - 75 - 4 - 12 = -42$$

$$x = \frac{1}{\Delta} \begin{vmatrix} 6 & 1 & 3 \\ 3 & 5 & 2 \\ 9 & 2 & 3 \end{vmatrix} = \frac{90 + 18 + 18 - 135 - 24 - 9}{-42} = \frac{-42}{-42} = 1$$

$$y = \frac{1}{\Delta} \begin{vmatrix} 1 & 6 & 3 \\ 4 & 3 & 2 \\ 5 & 9 & 3 \end{vmatrix} = \frac{9 + 108 + 60 - 45 - 18 - 72}{-42} = \frac{42}{-42} = -1$$

$$z = \frac{1}{\Delta} \begin{vmatrix} 1 & 1 & 6 \\ 4 & 5 & 3 \\ 5 & 2 & 9 \end{vmatrix} = \frac{45 + 48 + 15 - 150 - 6 - 36}{-42} = \frac{-84}{-42} = 2$$

付録 Excel VBA（A.3.5 項参照） ◇

演 習 問 題

2.3 次の行列式を計算せよ。

$$\begin{vmatrix} 1 & -3 & 6 \\ 5 & 2 & 8 \\ 4 & -1 & 7 \end{vmatrix}, \quad \begin{vmatrix} a_{11} & a_{12} & a_{13} \\ 0 & a_{22} & a_{23} \\ 0 & 0 & a_{33} \end{vmatrix}, \quad \begin{vmatrix} 0 & 0 & a_{13} \\ 0 & a_{22} & 0 \\ a_{31} & 0 & 0 \end{vmatrix}, \quad \begin{vmatrix} 1 & 2 & 3 \\ 4 & 5 & 6 \\ 7 & 8 & 9 \end{vmatrix}$$

2.4 次の方程式は，ある電気回路の電流 I_1, I_2 に関する 2 元連立 1 次方程式である。クラーメルの公式を用いて I_1, I_2 を求めよ。

$$\left. \begin{array}{r} (R_1 + R_3) I_1 + R_3 I_2 = E_1 \\ R_3 I_1 + (R_2 + R_3) I_2 = E_2 \end{array} \right\}$$

2.5 演習問題 1.1 をクラーメルの公式を用いて解け。

2.6 演習問題 1.2 をクラーメルの公式を用いて解け。

2.3 ベクトルと行列の幾何学的意味

2.3.1 内積の定義

ベクトルの「長さ」やベクトル $\mathbf{a}$ と $\mathbf{b}$ の間の「角度」とはどのように決められるのであろうか。これらは，**内積**と呼ばれるベクトルどうしの関係によって定められる。まず，ベクトル $\mathbf{a}$ と $\mathbf{b}$ の内積を次式で定義する。

$$\mathbf{a} \bullet \mathbf{b} = \begin{bmatrix} a_1 \\ a_2 \end{bmatrix} \bullet \begin{bmatrix} b_1 \\ b_2 \end{bmatrix} = a_1 b_1 + a_2 b_2 \tag{2.53}$$

この関係式は，行列の積†の演算を用いて書くと次式のように表すこともできる。

$$\mathbf{a} \bullet \mathbf{b} = \begin{bmatrix} a_1 \\ a_2 \end{bmatrix}^t \begin{bmatrix} b_1 \\ b_2 \end{bmatrix} = \begin{bmatrix} a_1 & a_2 \end{bmatrix} \begin{bmatrix} b_1 \\ b_2 \end{bmatrix} = a_1 b_1 + a_2 b_2 \tag{2.54}$$

内積によって定められている定義をいくつかあげておこう。

(i) ベクトル $\mathbf{a}$ の**長さ** $\|\mathbf{a}\|$ は，$\mathbf{a}$ と $\mathbf{a}$ の内積の平方根で定義される。

$$\|\mathbf{a}\| = \sqrt{\mathbf{a} \bullet \mathbf{a}} = \sqrt{a_1^2 + a_2^2} \tag{2.55}$$

(ii) ベクトル $\mathbf{a}$ と $\mathbf{b}$ の間の**角度** θ は，次式で定義される。

$$\cos\theta = \frac{\mathbf{a} \bullet \mathbf{b}}{\|\mathbf{a}\| \|\mathbf{b}\|} = \frac{a_1 b_1 + a_2 b_2}{\sqrt{a_1^2 + a_2^2} \sqrt{b_1^2 + b_2^2}} \tag{2.56}$$

(iii) ベクトル $\mathbf{a}$ と $\mathbf{b}$ は，内積が零

$$\mathbf{a} \bullet \mathbf{b} = 0 \tag{2.57}$$

のとき**直交** (orthogonal) するという。

内積は，次の性質をもっている。

(1) $\quad \mathbf{a} \bullet \mathbf{b} = \mathbf{b} \bullet \mathbf{a}$ \hfill (2.58)

(2) $\quad (\mathbf{a} + \mathbf{b}) \bullet \mathbf{c} = \mathbf{a} \bullet \mathbf{c} + \mathbf{b} \bullet \mathbf{c}$ \hfill (2.59)

---

† 行列の積には「$\bullet$」を書かない。すなわち，行列 $\mathbf{A}$ と $\mathbf{B}$ の積は，単に $\mathbf{AB}$ と書く。

(3) α をスカラーとすると
$$(\alpha \mathbf{a}) \bullet \mathbf{b} = \mathbf{a} \bullet (\alpha \mathbf{b}) = \alpha (\mathbf{a} \bullet \mathbf{b}) \tag{2.60}$$

(4) $\mathbf{a} \bullet \mathbf{a}$ は
$$\mathbf{a} \bullet \mathbf{a} = \|\mathbf{a}\|^2 = a_1^2 + a_2^2 \geq 0 \tag{2.61}$$
であるから，零または正であり，零となるのは
$$a_1 = 0 \quad \text{かつ} \quad a_2 = 0, \quad \text{すなわち} \quad \mathbf{a} = \mathbf{0} \tag{2.62}$$
のときに限られる。

2.3.2 ベクトルの住んでいる空間

ここでは，スカラーやベクトルの成分はすべて実数[†1]として話をする。スカラーである実数は1次元，成分を二つもつベクトルは2次元の住民である。

〔1〕**数　直　線**　実数 x は直線上の1点として表すことができる。これは，直線を1本引いて $\mathbf{R}$ と呼ぶことにし，次の基準を設定して考える。

- この直線上に原点 O を定める。
- 原点から好きな方向[†2]に長さ1の点をとり，これを基準とする。

すなわち，原点から1に向かって長さ1のベクトル $\mathbf{e}$ を直線上に描く。こうすると，任意の実数 x は，直線上の点 $x\mathbf{e} \in \mathbf{R}$ として表すことができる（図 **2.2**）。

(a) 直線上の基底

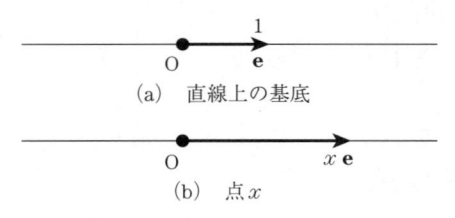

(b) 点 x

図 **2.2** 直線上の基底と点 x

[†1] 複素数については3章で述べる。
[†2] 原点をはさんで左右どちらかに決める。普通は右方向に選ぶ。

〔2〕 **2次元平面**　平面上の点を指定しようとすると，二つの実数の組が必要となる．地図を想像してほしい．現在地を中心に考えると東西方向へ x，南北方向へ y と指定すると番地が 1 点に定まる．

さて，平面を 1 枚用意し，これに直線のときと同様に基準を一つ決めよう．
- 平面上に原点 O を定める．
- 原点から，好きな方向に長さ 1 のベクトル $\mathbf{e}_1$ を描く．ベクトル $\mathbf{e}_1$ を原点を中心に反時計回りに 90° 回転させたベクトルをつくり，これを $\mathbf{e}_2$ とする．

こうすると，任意の実数の組 (x, y) は，この平面上の 1 点として表すことができるようになる．いま，簡単のため，ベクトル $\mathbf{e}_1$ 方向を x 軸，ベクトル $\mathbf{e}_2$ 方向を y 軸と呼ぶことにする（図 **2.3**）．

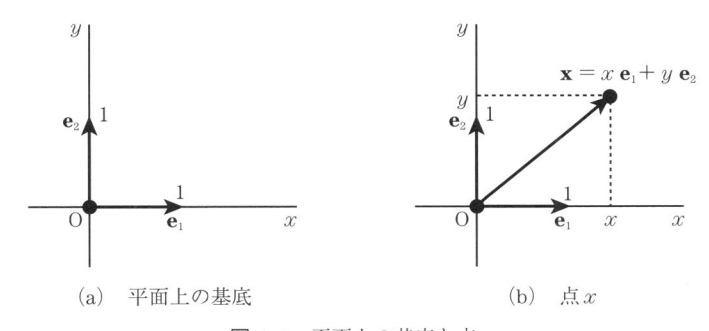

(a) 平面上の基底　　　　　(b) 点 x

図 **2.3**　平面上の基底と点 x

これだけの準備のもとに，成分を二つもつベクトルでこの平面上の点を表すことにしよう．平面を $\mathbf{R}^2$ と呼ぶことにし

$$\mathbf{x} = \begin{bmatrix} a \\ b \end{bmatrix} \in \mathbf{R}^2 \tag{2.63}$$

と書くと，ベクトル $\mathbf{x}$ は，x 軸方向の成分が a，y 軸方向の成分が b であることを表す．また，$\mathbf{x} \in \mathbf{R}^2$ は，$\mathbf{x}$ が平面 $\mathbf{R}^2$ の要素である（あるいは平面に属する）ことを表す．

$$\mathbf{e}_1 = \begin{bmatrix} 1 \\ 0 \end{bmatrix}, \quad \mathbf{e}_2 = \begin{bmatrix} 0 \\ 1 \end{bmatrix} \tag{2.64}$$

である。これら二つのベクトルの集合 $\{\mathbf{e}_1, \mathbf{e}_2\}$ を，この平面の**直交基底** (orthogonal base) という[†]。

そこで，平面上の任意の点 $\mathbf{x}$ は，基底ベクトルによって表すことができる。

$$\mathbf{x} = \begin{bmatrix} x \\ y \end{bmatrix} = \begin{bmatrix} x \\ 0 \end{bmatrix} + \begin{bmatrix} 0 \\ y \end{bmatrix} = x \begin{bmatrix} 1 \\ 0 \end{bmatrix} + y \begin{bmatrix} 0 \\ 1 \end{bmatrix} = x\,\mathbf{e}_1 + y\,\mathbf{e}_2 \tag{2.65}$$

2.3.3 ベクトルの独立性

平面 $\mathbf{R}^2$ の任意の点 $\mathbf{x}$ は，原点から $\mathbf{x}$ に引かれたベクトルで表される。このベクトルも $\mathbf{x}$ で表される。さて，スカラー $\alpha \in \mathbf{R}$ を用いてベクトル $\mathbf{y} = \alpha \mathbf{x}$ を考えると，ベクトル $\mathbf{y}$ は $\mathbf{x}$ 方向に正負に延びるベクトルの集合となる。この事実をいろいろな言い方で説明することがあるので，いくつかあげておこう。

(1) ベクトル $\mathbf{x}$ からベクトル $\alpha\mathbf{x}$ をつくることを，$\mathbf{x}$ の**スカラー倍** (scalar product) という。

(2) ベクトル $\mathbf{x}$ と，$\mathbf{x}$ のスカラー倍でつくったベクトル $\mathbf{y} = \alpha\mathbf{x}$ は，たがいに**線形従属** (linear dependent) あるいは 1 次従属の関係にあるという。
「ベクトル $\mathbf{x}$ と $\mathbf{y}$ が線形従属にある」
　　⇔「$\alpha\mathbf{x} + \beta\mathbf{y} = \mathbf{0}$ を満たす，零ではない α, β がある」
　　⇔「$\det[\mathbf{x}\,\mathbf{y}] = 0$」

(3) たがいに線形従属にないベクトル $\mathbf{x}$ と $\mathbf{y}$ を考える。このとき，次のような言い回しや等価な条件があることに注意しよう。
「$\mathbf{x}$ と $\mathbf{y}$ は線形従属でない」
　　⇔「$\mathbf{x}$ と $\mathbf{y}$ は**線形独立**である」
　　⇔「$\alpha\mathbf{x} + \beta\mathbf{y} = \mathbf{0}$ を満たすのは唯一 $\alpha = \beta = 0$ のみである」
　　⇔「$\det[\mathbf{x}\,\mathbf{y}] \neq 0$」

[†] $\mathbf{e}_1 \bullet \mathbf{e}_2 = 0$ となっている。これは，式 (2.64) から確かめられる。

⇔「$\mathbf{x}$ と $\mathbf{y}$ は，平面 $\mathbf{R}^2$ を張る」

すなわち，平面 $\mathbf{R}^2$ の任意の点 $\mathbf{u}$ は，$\mathbf{x}$ と $\mathbf{y}$ を使って $\mathbf{u} = \alpha\mathbf{x} + \beta\mathbf{y}$ と表すことができる。ここに，$\alpha, \beta \in \mathbf{R}$ である。$\mathbf{x}$ と $\mathbf{y}$ のスカラー倍の和から新しいベクトルをつくることを $\mathbf{x}$ と $\mathbf{y}$ を**線形結合**するという。

2.3.4　直線を直線に写す1次関数

さて，式 (2.2)

$$y = ax \tag{2.66}$$

を幾何学的に見てみよう。独立変数 x は1次元直線上の点であり，従属変数 y は，別の直線上の点と考えられる。点 x を与えると a 倍して点 y が決まる（図 **2.4** (a)）。二つの直線を別々に描くと関係が見えないので，二つの直線を直交させて描いた平面をつくる。すると図 (b) のように1次関数は「関数のグラフ」として見えてくる。

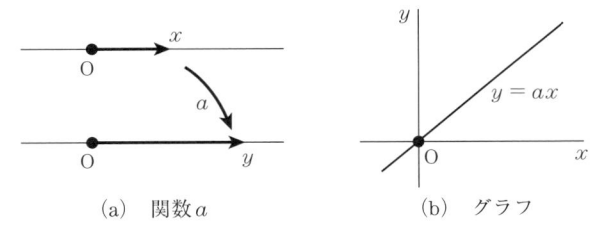

(a)　関数 a 　　　　(b)　グラフ

図 **2.4**　関数 a とそのグラフ

次に，方程式

$$ax = b \tag{2.67}$$

を解く問題を，図 2.4 (b) を使って考えよう。式 (2.67) の解は，二つの直線

$$y = ax, \quad y = b \tag{2.68}$$

の交点として求められる（図 **2.5** (a)）。$a \neq 0$ ならば確かに答えはただ一つ $x = \dfrac{b}{a}$ となる。

44   2. 1次関数と行列・ベクトル

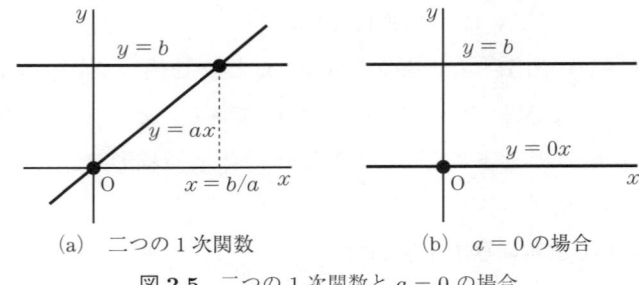

(a) 二つの1次関数　　(b) $a=0$ の場合

図 **2.5**　二つの1次関数と $a=0$ の場合

では，例外の $a=0$ の場合はどうであろうか．直線 $y=0x$ は x 軸である．直線 $y=b$ が「x 軸に平行な直線」なので

- $b \neq 0$ ならば，交点はなく，したがって解は存在しない．
- $b=0$ ならば，2直線はともに x 軸となり重なってしまうので，任意の x が解となる．つまり，無限に多くの解がある．

ことがわかる（図 2.5 (b)）．

このように，幾何学的に見ると解の存在する条件や様子が鮮明に見えてくる．

2.3.5　平面を平面に写す 1 次写像

さっそく，式 (2.15) を考えよう．もう一度書いておくと

$$\mathbf{y} = \mathbf{A}\mathbf{x} \tag{2.69}$$

ここで，$\mathbf{x}$ と $\mathbf{y}$ は，別々の2次元平面のベクトルを表す．すると，$\mathbf{A}$ は2次元平面から2次元平面への1次写像を与える．例えば

$$\mathbf{A} = \begin{bmatrix} 1 & -1 \\ 1 & 1 \end{bmatrix}, \quad \mathbf{x} = \begin{bmatrix} 2 \\ 1 \end{bmatrix} \quad \Rightarrow \quad \mathbf{y} = \begin{bmatrix} 1 \\ 3 \end{bmatrix}$$

を図 **2.6** に示す．この写像のグラフは，4次元空間にしか描けないのでイメージすることは難しい．そこで，ベクトル $\mathbf{x}, \mathbf{y}$ を各成分ごとに書き下してみると

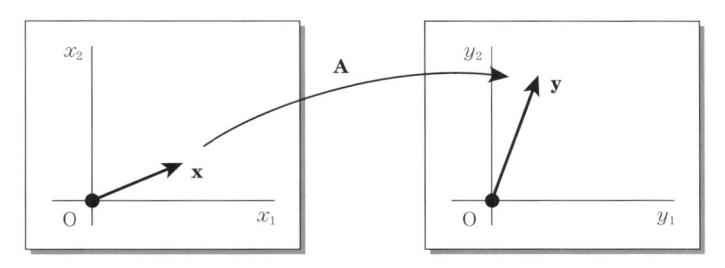

2.3 ベクトルと行列の幾何学的意味

図 **2.6** 平面から平面への写像 **A**

$$\begin{bmatrix} y_1 \\ y_2 \end{bmatrix} = \begin{bmatrix} 1 & -1 \\ 1 & 1 \end{bmatrix} \begin{bmatrix} x_1 \\ x_2 \end{bmatrix} \quad \Rightarrow \quad \begin{matrix} y_1 = x_1 - x_2 \\ y_2 = x_1 + x_2 \end{matrix}$$

となり，各成分は3次元空間 (x_1, x_2, y_1) や (x_1, x_2, y_2) での平面として描くことができる（図 **2.7**）。

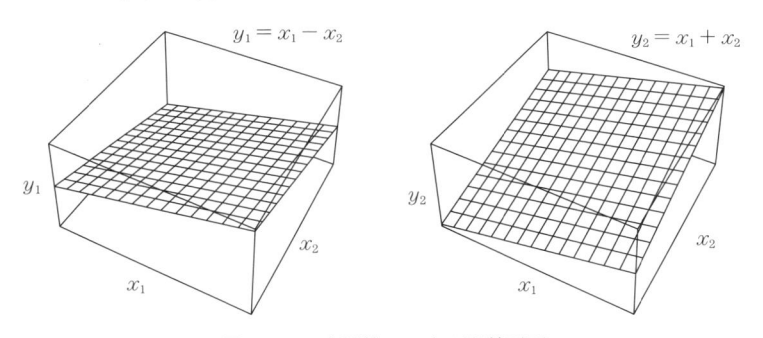

図 **2.7** 1次関数のつくる関数平面

そこで，連立方程式 (2.27)

$$\left. \begin{matrix} a_{11} x_1 + a_{12} x_2 = b_1 \\ a_{21} x_1 + a_{22} x_2 = b_2 \end{matrix} \right\} \tag{2.70}$$

の解の様子を幾何学的に見てみたい。二つの2次元平面 (x_1, x_2), (y_1, y_2) を同時に見ることはできないので，2次元平面 (x_1, x_2) 内で式 (2.70) の各式が満たす集合を見ることにしよう。

$$a_{11} x_1 + a_{12} x_2 = b_1, \quad a_{21} x_1 + a_{22} x_2 = b_2$$

は，いずれも直線となり，この二つの直線の交点として解が求められる（図 **2.8**）。次の場合が考えられよう。ここで

$$\det \mathbf{A} = a_{11}a_{22} - a_{12}a_{21} = 0 \quad \Leftrightarrow \quad \begin{bmatrix} a_{11} & a_{12} \end{bmatrix} = k \begin{bmatrix} a_{21} & a_{22} \end{bmatrix}$$

という性質に注意しよう。

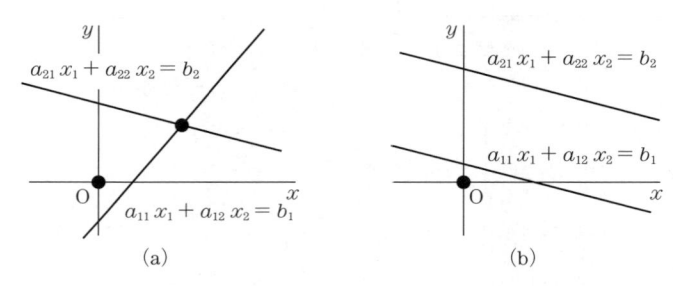

図 **2.8** 二つの関数の満たす集合

- $\det \mathbf{A} \neq 0$ ならば，2 直線は傾きが異なるので 1 点で交わる。つまり，解はただ一つである（図 2.8 (a)）。
- $\det \mathbf{A} = 0$ ならば（図 2.8 (b)），
  ◇ $b_1 \neq k\,b_2$ ならば，2 本の平行な直線となるので，解は存在しない。
  ◇ $b_1 = k\,b_2$ ならば，二つの直線は重なるので，解は無限個存在する。

ここでの話は，おおざっぱであったが

- ベクトルは空間の点
- 行列は「ベクトルの住む空間からもう一つのベクトル空間」への 1 次写像を表すと考えると興味深くなる。行列が正方行列の場合，一つのベクトル空間から自分自身のベクトル空間への写像と考えることもできる。この場合は，写像といわずに**変換** (transformation) という。ベクトルと写像の物語が「線形代数」といえる。

2.3.6 平面を平面に写す写像の微分

2次元平面 (x_1, x_2) から2次元平面 (y_1, y_2) への一般的な写像は

$$\left.\begin{array}{l} y_1 = f_1(x_1, x_2) \\ y_2 = f_2(x_1, x_2) \end{array}\right\} \tag{2.71}$$

で表すことができる。座標 x_1, x_2 をそれぞれ dx_1, dx_2 だけ変化させたとき，座標 y_1, y_2 の変化を dy_1, dy_2 とすれば，次式[†]が成り立つ。

$$\left.\begin{array}{l} dy_1 = \dfrac{\partial f_1}{\partial x_1} dx_1 + \dfrac{\partial f_1}{\partial x_2} dx_2 \\ dy_2 = \dfrac{\partial f_2}{\partial x_1} dx_1 + \dfrac{\partial f_2}{\partial x_2} dx_2 \end{array}\right\} \tag{2.72}$$

式 (2.72) を一つの式にまとめて書くと，次式となる。

$$\begin{bmatrix} dy_1 \\ dy_2 \end{bmatrix} = \begin{bmatrix} \dfrac{\partial f_1}{\partial x_1} & \dfrac{\partial f_1}{\partial x_2} \\ \dfrac{\partial f_2}{\partial x_1} & \dfrac{\partial f_2}{\partial x_2} \end{bmatrix} \begin{bmatrix} dx_1 \\ dx_2 \end{bmatrix} \tag{2.73}$$

このことは，写像の1次近似が各成分の1次の変化項の和で表され，まとめると変化の割合は行列となることを表している。このことから「一般に，多変数関数の微分は行列となる」といえよう。

2.3.7 2×2 行列の固有値と固有ベクトル ——再考——

2.1.4 項で考えた 2×2 行列 $\mathbf{A}$ の固有値と固有ベクトルの問題を再び考えよう。いま

$$\mathbf{Ah} = \lambda \mathbf{h} \tag{2.74}$$

を満たす，ベクトル $\mathbf{h}$ とスカラー λ があると考えて，まずこれらを求めよう。式 (2.74) を書き直すと次式となる。

[†] 関数 $f(x_1, x_2)$ の微分は，x_2 を定数扱いして x_1 で微分する，あるいはその逆の二通りの微分が考えられる。この微分を**偏微分** (partial derivative) といい，一般の微分記号 $\dfrac{d}{dx}$ ではなく，$\dfrac{\partial}{\partial x_1}$ という記号を用いる。偏微分は電気磁気学で多用される。

$$(\mathbf{A} - \lambda \mathbf{I}_2)\mathbf{h} = 0 \quad \Leftrightarrow \quad \begin{bmatrix} a_{11} - \lambda & a_{12} \\ a_{21} & a_{22} - \lambda \end{bmatrix} \begin{bmatrix} h_1 \\ h_2 \end{bmatrix} = \begin{bmatrix} 0 \\ 0 \end{bmatrix} \quad (2.75)$$

この方程式が零でない解をもつためには

$$\det(\mathbf{A} - \lambda \mathbf{I}_2) = 0 \quad \Leftrightarrow \quad \det \begin{bmatrix} a_{11} - \lambda & a_{12} \\ a_{21} & a_{22} - \lambda \end{bmatrix} = 0 \quad (2.76)$$

すなわち，λ は次の 2 次方程式の解でなければならない．

$$\lambda^2 - (a_{11} + a_{22})\lambda + a_{11}a_{22} - a_{12}a_{21} = 0 \quad (2.77)$$

最も簡単な場合として，式 (2.77) が相異なる 2 実解 λ_1, λ_2 をもつ場合を考えよう．λ_1 を式 (2.75) に代入し，$\mathbf{h}_1$ として，例えば次のベクトルを得る[†]．

$$\mathbf{h}_1 = \begin{bmatrix} a_{12} \\ \lambda_1 - a_{11} \end{bmatrix} \quad (2.78)$$

同様にして，λ_2 についても次の固有ベクトル $\mathbf{h}_2$ を得る．

$$\mathbf{h}_2 = \begin{bmatrix} a_{12} \\ \lambda_2 - a_{11} \end{bmatrix} \quad (2.79)$$

これらの固有ベクトルを用いて，行列

$$\mathbf{H} = \begin{bmatrix} \mathbf{h}_1 & \mathbf{h}_2 \end{bmatrix} = \begin{bmatrix} a_{12} & a_{12} \\ \lambda_1 - a_{11} & \lambda_2 - a_{11} \end{bmatrix} \quad (2.80)$$

を定義し，座標変換

$$\mathbf{x} = \mathbf{H}\mathbf{y} \quad (2.81)$$

を考えると

$$\mathbf{A}\mathbf{x} = \mathbf{A}\mathbf{H}\mathbf{y} = \mathbf{H} \begin{bmatrix} \lambda_1 & 0 \\ 0 & \lambda_2 \end{bmatrix} \mathbf{y}$$

[†] 固有ベクトルは唯一のベクトルとして定めることはできない．ある固有ベクトルをスカラー倍したベクトルは，すべて固有ベクトルとなる．

より，次の関係を得る。

$$\mathbf{H}^{-1}\mathbf{A}\mathbf{H}\mathbf{y} = \begin{bmatrix} \lambda_1 & 0 \\ 0 & \lambda_2 \end{bmatrix} \mathbf{y} \tag{2.82}$$

ベクトル $\mathbf{y}$ はどんなベクトルでもよいので

$$\mathbf{H}^{-1}\mathbf{A}\mathbf{H} = \begin{bmatrix} \lambda_1 & 0 \\ 0 & \lambda_2 \end{bmatrix} \tag{2.83}$$

の関係を得る。すなわちベクトル $\mathbf{y}$ の住んでいる空間では，行列 $\mathbf{A}$ は $\mathbf{H}^{-1}\mathbf{A}\mathbf{H}$ となり，対角行列となる。行列 $\mathbf{A}$ を行列 $\mathbf{H}$ を用いて $\mathbf{H}^{-1}\mathbf{A}\mathbf{H}$ と変換することを，行列の**相似変換** (similar transformation) という。

以上の結果は，行列を対角行列に相似変換するには固有ベクトルを用いるとよいことを示している。

2.4 連立1次方程式の解の重ね合せ

連立1次方程式

$$\mathbf{A}\mathbf{x} = \mathbf{b} \tag{2.84}$$

を考え，この方程式の解を $\mathbf{x}_b$ とする。すなわち

$$\mathbf{A}\mathbf{x}_b = \mathbf{b} \tag{2.85}$$

さて，右辺の定数ベクトル $\mathbf{b}$ を二つのベクトルに分解したとしよう。

$$\mathbf{b} = \mathbf{b}_1 + \mathbf{b}_2 \tag{2.86}$$

そして，この分解された定数ベクトルを右辺にもつ二つの方程式

$$\mathbf{A}\mathbf{x} = \mathbf{b}_1, \quad \mathbf{A}\mathbf{x} = \mathbf{b}_2 \tag{2.87}$$

を解き，それぞれの方程式の解 $\mathbf{x}_{b1}, \mathbf{x}_{b2}$ が得られたとする。

$$\mathbf{A}\mathbf{x}_{b1} = \mathbf{b}_1, \quad \mathbf{A}\mathbf{x}_{b2} = \mathbf{b}_2 \tag{2.88}$$

このとき，三つの解 $\mathbf{x}_b, \mathbf{x}_{b1}, \mathbf{x}_{b2}$ の間には次の関係がある。

$$\mathbf{x}_b = \mathbf{x}_{b1} + \mathbf{x}_{b2} \tag{2.89}$$

これを，**解の重ね合せ** (superposition) あるいは**重ね合せの理** (law of superposition) という。実際

$$\mathbf{A}\mathbf{x}_b = \mathbf{A}(\mathbf{x}_{b1} + \mathbf{x}_{b2}) = \mathbf{A}\mathbf{x}_{b1} + \mathbf{A}\mathbf{x}_{b2} = \mathbf{b}_1 + \mathbf{b}_2 = \mathbf{b} \tag{2.90}$$

となって，$\mathbf{x}_{b1} + \mathbf{x}_{b2}$ は確かに元の方程式 (2.84) の解となっている。

例題 2.2　例題 2.1 に解の重ね合せを適用し，同じ解が得られることを確かめよう。

【解答】　方程式の右辺の定数ベクトルを

$$\begin{bmatrix} 6 \\ 3 \\ 9 \end{bmatrix} = \begin{bmatrix} 6 \\ 0 \\ 0 \end{bmatrix} + \begin{bmatrix} 0 \\ 3 \\ 0 \end{bmatrix} + \begin{bmatrix} 0 \\ 0 \\ 9 \end{bmatrix}$$

と直交成分に分解する†と

$$x_1 = \frac{1}{\Delta} \begin{vmatrix} 6 & 1 & 3 \\ 0 & 5 & 2 \\ 0 & 2 & 3 \end{vmatrix}, \quad x_2 = \frac{1}{\Delta} \begin{vmatrix} 0 & 1 & 3 \\ 3 & 5 & 2 \\ 0 & 2 & 3 \end{vmatrix}, \quad x_3 = \frac{1}{\Delta} \begin{vmatrix} 0 & 1 & 3 \\ 0 & 5 & 2 \\ 9 & 2 & 3 \end{vmatrix}$$

$$x = x_1 + x_2 + x_3 = \frac{6\,(15 - 4)}{-42} + \frac{-3\,(3 - 6)}{-42} + \frac{9\,(2 - 15)}{-42} = 1$$

と，解の重ね合せを用いて同じ解を得る。y, z は省略。　　　　　　　　　$\diamondsuit$

演 習 問 題

2.7　演習問題 2.4 を解の重ね合せを用いて解け。

2.8　演習問題 2.5 を解の重ね合せを用いて解け。

2.9　演習問題 2.6 を解の重ね合せを用いて解け。

---

† 定数ベクトルは，どのような分解をしても解の重ね合せは成立するが，直交成分に分解すれば行列式の演算が簡単になる。

3 複素数

複素数は高校の数学IIで学ぶことになっている。教科書に沿って復習しておこう。複素平面での複素数の表示や複素指数関数と三角関数の関係を与えるオイラーの公式は，回路理論のうち「交流理論」と呼ばれる回路の解析手法の主役を演じる。いまからなじんでおこう。

3.1 複素数はどこから生まれたのか

数は人間が発明した情報伝達のための偉大な手段である。自然科学やその応用としての工学・技術は数なしに語ることはできない。

方程式 $x+1=0$ は，**自然数** (natural number) の範囲では解はないが，負の数を考え，数の範囲を**整数** (integer) に広げると，解 $x=-1$ をもつ。

方程式 $3x=2$ は，整数の範囲では解はないが，分数を考え，数の範囲を**有理数** (rational number) に広げると，解 $x=\dfrac{2}{3}$ をもつ。

方程式 $x^2=2$ は，有理数の範囲では解はないが，**無理数** (irrational number) を考え，数の範囲を**実数** (real number) に広げると，解 $x=\pm\sqrt{2}$ をもつ。

しかし，どのような実数も平方は負にならないから，方程式 $x^2=-2$ は，実数の範囲では解はない。そこで，平方すると -1 になる数を考え，これを j (すなわち $j^2=-1$) と表し[†]，数の範囲を広げることが発明された。そうすると，$x^2=-2$ は，解 $x=\pm j\sqrt{2}$ をもつようになる。

[†] 数学では複素数に i を用いるが，電気工学では i が回路の電流を表すのに用いられるため，代わりに j を用いる。

この j を**虚数単位**といい，a と b が実数のとき，$a+bj$ の形で表される数を**複素数** (complex number) という。例えば，$1+j$, $2-3j$, $5j$ などは，いずれも複素数である。実数 a を $a+0j$ とみなせば，すべての実数が複素数の集合に含まれる。

複素数の相等（たがいに等しいこと），加減乗除は**表 3.1** のルールに従う。これらの計算規則は，文字 j の式と考えて計算したとき，j^2 が出てくればそれを -1 と置き換えて得られる。

複素数 $z=a+bj$ に対して，$a-bj$ を z と**共役な複素数** (conjugate complex number)[†] といい，$\overline{z}$ で表す。$\overline{\overline{z}}=z$ である。

また，z の絶対値 $|z|$ を $\sqrt{a^2+b^2}$ により定義する。$|z|^2=z\overline{z}$ である。

表 3.1 複素数の相等および四則演算

相　等	$a+bj=c+dj \Leftrightarrow a=c,\ b=d$ $a+bj=0 \Leftrightarrow a=0,\ b=0$
加　減	$(a+bj) \pm (c+dj) = (a \pm c) + (b \pm d)j$
乗　除	$(a+bj) \cdot (c+dj) = (ac-bd) + (ad+bc)j$ $\dfrac{a+bj}{c+dj} = \dfrac{ac+bd}{c^2+d^2} + \dfrac{bc-ad}{c^2+d^2}j$
共役複素数	$\overline{z} = \overline{a+bj} = a-bj$ $\overline{z_1 \pm z_2} = \overline{z_1} \pm \overline{z_2},\quad \overline{z_1 z_2} = \overline{z_1} \cdot \overline{z_2},\quad \overline{\left(\dfrac{z_1}{z_2}\right)} = \dfrac{\overline{z_1}}{\overline{z_2}}$
絶対値	$\|z\| = \|a+bj\| = \sqrt{a^2+b^2}$ $\|z\|=0 \Leftrightarrow z=0$ $\|z\| = \|-z\| = \|\overline{z}\|,\quad z\overline{z} = \|z\|^2,\quad \|z_1 z_2\| = \|z_1\|\|z_2\|,\quad \left\|\dfrac{z_1}{z_2}\right\| = \dfrac{\|z_1\|}{\|z_2\|}$
極座標表示	$z=a+bj \Leftrightarrow z=\|z\|(\cos\theta + j\sin\theta),\ \theta=\arg(z)=\tan^{-1}\dfrac{b}{a}$

付録 Excel VBA（A.3.6 項参照）

[†] 共役は「きょうやく」と読む。

演習問題

3.1 次の計算をせよ。
$$(2+3j)-(5-2j), \quad (1+j)^3, \quad \frac{1}{j}, \quad \frac{j}{1+j}, \quad \frac{3-2j}{3+2j}$$

3.2 次の計算をせよ。
$$\sqrt{-2}\sqrt{-8}, \quad \frac{\sqrt{-25}}{\sqrt{-5}}, \quad \frac{\sqrt{27}}{\sqrt{-9}}, \quad \frac{\sqrt{-2}}{\sqrt{3}+j}$$

3.3 次の2次方程式を解け。
$$x^2-x+1=0, \quad 3x^2-2x+1=0, \quad -2x^2+6x-7=0$$

3.4 2次方程式 $x^2+ax+b=0$ の解が複素数になるための条件を求めよ。また，その範囲を ab 平面内に図示せよ。

3.2 複素平面

複素数を平面上の点に対応させて考えると，複素数を幾何学的な対象として理解することができる。

3.2.1 直角座標表示と極座標表示

まず，複素数 z を二つの実数 x, y を用いて

$$z = x + yj = x + jy \quad (j \text{ は虚数単位}) \tag{3.1}$$

の形[†]に表すことを，**直角座標表示** (rectangular form) という。このとき x を z の**実部** (real part)，y を**虚部** (imaginary part) という。これらを

$$\mathrm{Re}(z) = x = \frac{z+\bar{z}}{2}, \quad \mathrm{Im}(z) = y = \frac{z-\bar{z}}{2j}$$

と書く。

そこで，z を 2 次元平面上の点 $\mathrm{P}(x, y)$ に対応させて考える。このときの 2 次元平面を**複素平面** (complex plane) という。x 軸を**実軸** (real axis)，y 軸を**虚軸** (imaginary axis) という（図 **3.1** (a)）。

[†] 数学では $x+yj$ と書くが，電気工学では $x+jy$ と j を虚部の前に書く習慣がある。

(a) 直角座標表示　　　(b) 極座標表示

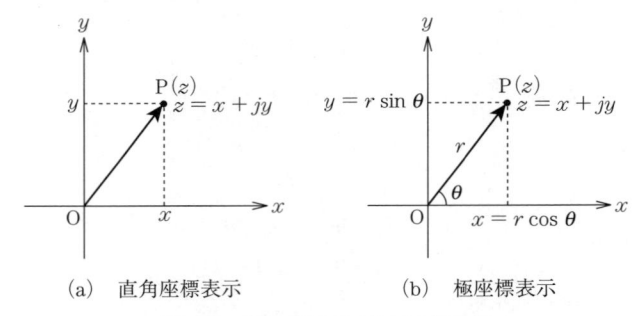

図 3.1 直角座標表示と極座標表示

ここで，複素数の絶対値 $|z|$ は，原点から点 P までの距離 $\sqrt{x^2+y^2}$ になっていることに注意しよう。

一般に，複素平面上で複素数 $z = x + jy$ を表す点を P とし，原点からの距離を $\mathrm{OP} = |z| = r$ とする。OP と x 軸の正の部分のなす角を θ とすると，z は次のように表すことができる。

$$z = r\left(\cos\theta + j\sin\theta\right) \tag{3.2}$$

これを z の**極座標表示** (polar form) という（図 3.1 (b)）。

$$|z|^2 = x^2 + y^2 = (r\cos\theta)^2 + (r\sin\theta)^2 = r^2$$

であるから，r は z の**絶対値**である。θ はベクトル OP と x 軸の正の部分のなす角であり，z の**偏角** (argument) といい，$\arg(z)$ で表す。

$$\theta = \arg(z) = \tan^{-1}\frac{y}{x} \tag{3.3}$$

偏角 θ は $-\pi \leq \theta \leq \pi$ の範囲[†]でただ 1 通りに定まる。これを θ_0 とすると，n を整数として z の偏角は，一般に次のように表される。

$$\theta = \arg(z) = \theta_0 + 2\pi n \tag{3.4}$$

偏角はこの式に従って計算できるが，次の点に注意しよう。

[†] 角度の単位は，日常生活では度 (degree) を用いるが，数学ではラジアン (radian) を使用する。これは，微分・積分を扱いやすくする。偏角は $0 \leq \theta \leq 2\pi$ で定めてもよい。

(1) $\tan^{-1}$ は「アーク・タンジェント」と読み，$\tan$ の逆関数である。すなわち，$\tan\theta = A$ のとき，$\theta = \tan^{-1}A$ である。

(2) 任意の角度 θ に対して $\tan\theta$ はただ一つ定まるが，逆に $\tan$ の値が同じでも角度はただ一つとは限らない。偏角 θ を $-\pi \leqq \theta \leqq \pi$ の範囲に制限しても，$\tan^{-1}A$ は必ず二つの値をもつ。そこで，通常は $\tan^{-1}$ の値域を $-\pi/2 \leqq \tan^{-1}A \leqq \pi/2$ に制限して値を一つに定めている†。

(3) これより，複素数 $z = x + jy$ の偏角 $\theta = \arg(z)$ は次のように書ける。

- $x \neq 0$ かつ $y \neq 0$ のとき

$$\theta = \begin{cases} \tan^{-1}\dfrac{y}{x} & (x > 0,\ y \neq 0) \\ \pi - \tan^{-1}\dfrac{y}{|x|} & (x < 0,\ y > 0) \\ \tan^{-1}\dfrac{|y|}{|x|} - \pi & (x < 0,\ y < 0) \end{cases} \tag{3.5}$$

- $x = y = 0$ すなわち $z = 0$（原点）の偏角は定義しない。
- $x = 0$ のとき（複素数は**純虚数**となり，偏角は虚部の符号で決まる）

$$\theta = \begin{cases} \pi/2 & (x = 0,\ y > 0) \\ -\pi/2 & (x = 0,\ y < 0) \end{cases} \tag{3.6}$$

- $y = 0$ のとき（複素数は実数となり，偏角は実部の符号で決まる）

$$\theta = \begin{cases} 0 & (x > 0,\ y = 0) \\ \pi & (x < 0,\ y = 0) \end{cases} \tag{3.7}$$

演 習 問 題

3.5 次の複素数の偏角を求めよ。

$$5 + j5, \quad 5 - j5, \quad -5 - j5, \quad -5 + j5$$

3.6 演習問題 3.1 の計算結果（複素数）の偏角を求めよ。

---

† 関数電卓もこの計算法に従っている。

3.2.2 四則演算の図式表示

極座標表示では乗除算の計算がらくにできる。まず，絶対値が 1 の二つの複素数 $z_1 = \cos\theta_1 + j\sin\theta_1$ と $z_2 = \cos\theta_2 + j\sin\theta_2$ の積と商を計算してみよう。

$$\begin{aligned} z_1 z_2 &= (\cos\theta_1 + j\sin\theta_1)(\cos\theta_2 + j\sin\theta_2) \\ &= \cos\theta_1\cos\theta_2 - \sin\theta_1\sin\theta_2 + j(\sin\theta_1\cos\theta_2 + \cos\theta_1\sin\theta_2) \\ &= \cos(\theta_1+\theta_2) + j\sin(\theta_1+\theta_2) \end{aligned} \quad (3.8)$$

$$\begin{aligned} \frac{z_1}{z_2} &= \frac{\cos\theta_1 + j\sin\theta_1}{\cos\theta_2 + j\sin\theta_2} \\ &= (\cos\theta_1 + j\sin\theta_1)(\cos\theta_2 - j\sin\theta_2) \\ &= \cos(\theta_1-\theta_2) + j\sin(\theta_1-\theta_2) \end{aligned} \quad (3.9)$$

複素数 z_1, z_2 の絶対値を r_1, r_2 として，式 (3.8), (3.9) を一般化すれば

$$\left.\begin{aligned} z_1 z_2 &= r_1 r_2 \{\cos(\theta_1+\theta_2) + j\sin(\theta_1+\theta_2)\} \\ \frac{z_1}{z_2} &= \frac{r_1}{r_2} \{\cos(\theta_1-\theta_2) + j\sin(\theta_1-\theta_2)\} \end{aligned}\right\} \quad (3.10)$$

となる。これより，複素数 z_1, z_2 の四則演算結果を複素平面に示すと図 **3.2** が得られる。ここで注目すべきは，積と商の偏角である。複素数を乗算すると偏角は加算され，複素数を除算すると偏角は減算される。

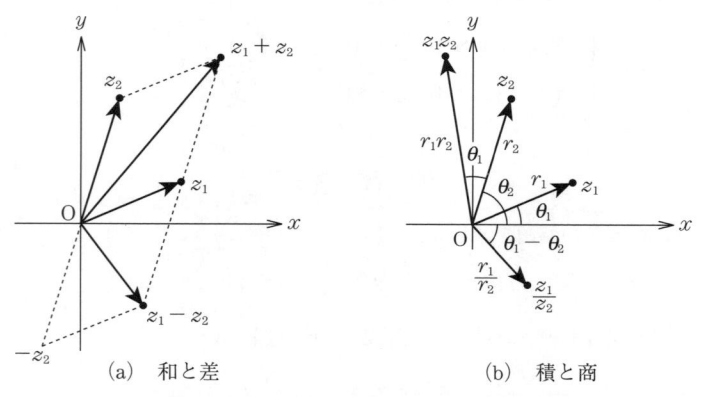

(a) 和と差　　　(b) 積と商

図 **3.2** 二つの複素数の和と差および積と商

式 (3.8) において，特別な場合 $\theta_1 = \theta_2 = \theta$ を考えると

$$(\cos\theta + j\sin\theta)^2 = \cos(2\theta) + j\sin(2\theta) \tag{3.11}$$

の等式を得る。一般に

$$(\cos\theta + j\sin\theta)^n = \cos(n\theta) + j\sin(n\theta) \tag{3.12}$$

が成り立つ。これを ド・モアブル (de Moivre) の定理という。

積については，次のように考えても興味深い。二つの複素数を

$$\left.\begin{array}{l} z_1 = r\,(\cos\theta + j\sin\theta) \\ z_2 = x + jy \end{array}\right\} \tag{3.13}$$

と，それぞれ極座標表示と直角座標表示で表す。すると積は

$$\begin{aligned} z_1 z_2 &= r\,(\cos\theta + j\sin\theta)(x + jy) \\ &= r\,\{x\cos\theta - y\sin\theta + j(x\sin\theta + y\cos\theta)\} \end{aligned} \tag{3.14}$$

となる。そこで，複素平面の実部を u，虚部を v とおいて，できあがった点を表示すると次式を得る。

$$\begin{bmatrix} u \\ v \end{bmatrix} = \begin{bmatrix} r\,(x\cos\theta - y\sin\theta) \\ r\,(x\sin\theta + y\cos\theta) \end{bmatrix} = r \begin{bmatrix} \cos\theta & -\sin\theta \\ \sin\theta & \cos\theta \end{bmatrix} \begin{bmatrix} x \\ y \end{bmatrix} \tag{3.15}$$

これは，z_2 ベクトルを，z_1 の角度 θ だけ回転し，長さを r 倍することを意味している。特に，$z_1 = j$ の場合には，z_2 を $90°$ 度回転させることになる。

3.3　複素係数の連立 1 次方程式

複素数は実数と同じように四則演算が可能である。したがって，連立方程式の係数が複素数になっても，実数の場合と同様な方法（例えばクラーメルの公式）で解を求めることができる。

実際，電気回路の交流理論の解析に用いられる連立方程式の係数は，ほとんどが複素数である。一例を示しておこう。

例題 3.1 ある電気回路から次の三つの方程式を得た。未知数 I_L, I_C, I_G を求めよ。他の記号はすべて既知の値とする。

$$I_L = I_C + I_G$$

$$(R + j\omega L) I_L + \frac{1}{j\omega C} I_C = E$$

$$\frac{1}{j\omega C} I_C = \frac{1}{G} I_G$$

【解答】 そのまま3元連立1次方程式として解いてもよいが，第1式が簡単なので，第2式に代入して，2元連立1次方程式にしてから解くことにしよう。

代入して整理すると次式を得る。ここでは，行列とベクトルの形にまとめた。

$$\begin{bmatrix} 1 - \omega^2 LC + j\omega CR & j\omega C(R + j\omega L) \\ G & -j\omega C \end{bmatrix} \begin{bmatrix} I_C \\ I_G \end{bmatrix} = \begin{bmatrix} j\omega CE \\ 0 \end{bmatrix}$$

この係数行列を $\mathbf{A}$ とすると

$$\det \mathbf{A} = \begin{vmatrix} 1 - \omega^2 LC + j\omega CR & j\omega C(R + j\omega L) \\ G & -j\omega C \end{vmatrix}$$

$$= -j\omega C \{1 + RG - \omega^2 LC + j\omega (CR + GL)\}$$

したがって

$$I_C = \frac{1}{\det \mathbf{A}} \begin{vmatrix} j\omega CE & * \\ 0 & -j\omega C \end{vmatrix} = \frac{j\omega C}{1 + RG - \omega^2 LC + j\omega (CR + GL)} E$$

$$I_G = \frac{1}{\det \mathbf{A}} \begin{vmatrix} * & j\omega CE \\ G & 0 \end{vmatrix} = \frac{G}{1 + RG - \omega^2 LC + j\omega (CR + GL)} E$$

を得る（∗ は演算に無関係なので省略）。これより

$$I_L = I_C + I_G = \frac{G + j\omega C}{1 + RG - \omega^2 LC + j\omega (CR + GL)} E$$

が求められる[†]。

付録 Excel VBA（A.3.6 項参照） ◇

[†] 電気回路の問題では，通常この答えのように，分母と分子をそれぞれ直角座標表示でそのままにしておいてよい。問題の問われ方によっては分母を極座標表示にする場合が起こる。それはそのときに直せばよい。

3.4 複素関数

複素数を独立変数とし，値となる従属変数も複素数となる関数を考えると，**複素関数**が得られる。複素関数は優美な関数であり，深く研究されている。1章で復習した多くの関数は，そのまま引数を複素数にすると複素関数となる。

例えば
$$w = f(z) = z^2 \tag{3.16}$$
は $z = x + jy$ と考えると，複素2次関数である。もっとも，この関数を x, y の関数と考えると，$w = u + jv$ とおいて
$$w = u + jv = z^2 = (x + jy)^2 = x^2 - y^2 + j(2xy)$$
より，2変数 x, y についての関数
$$\left.\begin{array}{l} u = x^2 - y^2 \\ v = 2xy \end{array}\right\} \tag{3.17}$$
となる。これは2次元平面 (x, y) から2次元平面 (u, v) への写像を与える。このように，複素関数は簡単に見えてもその正体はつかみやすいとは限らない。したがって，ここでは深入りしない。

ただ，結果だけを述べると，われわれが知っている初等関数は，複素関数にしても微分や積分の公式は同じである。そこで，今後必要となる指数関数についてのみ，その性質を次節に述べよう。

3.5 指数関数と三角関数

3.5.1 指数関数と三角関数のベキ級数展開

指数関数と三角関数の微分について復習し，これらの関数の新しい表現形式を見いだそう。1.4節で復習した微分を再度示しておく。

$$(x^n)' = n\,x^{n-1}, \quad (e^x)' = e^x, \quad (\sin x)' = \cos x, \quad (\cos x)' = -\sin x$$

ここで，指数関数 e^x は微分しても同じ指数関数となっている。言い換えると，**指数関数は微分の操作に対して不変**である。そこで，この性質を使って，指数関数を次のような多項式を無限次数にした形に表すことを試みよう。

$$e^x = a_0 + a_1 x + a_2 x^2 + a_3 x^3 + \cdots = \sum_{k=0}^{\infty} a_k x^k \tag{3.18}$$

関数をこのように無限個の和の形に表すことを**ベキ級数** (power series) に展開するという。各項の係数 a_k を決定するため，式 (3.18) を微分する。左辺は微分しても変わらない。右辺は $(x^n)' = n\,x^{n-1}$ より次式が得られる。

$$e^x = a_1 + 2\,a_2 x + 3\,a_3 x^2 + \cdots = \sum_{k=1}^{\infty} k\,a_k x^{k-1} \tag{3.19}$$

式 (3.18)，(3.19) は等しいので，右辺 x^k の係数比較より次の漸化式を得る。

$$\left.\begin{array}{l} a_1 = a_0 \\ 2\,a_2 = a_1 \\ 3\,a_3 = a_2 \\ \quad\vdots \\ k\,a_k = a_{k-1} \\ \quad\vdots \end{array}\right\} \tag{3.20}$$

ここで，既知の値 $e^0 = 1$ を用いる。式 (3.18) に $x = 0$ を代入すると $e^0 = a_0$ となり，$a_0 = 1$ と値が決まる。すると，式 (3.20) より順に係数を決定でき

$$a_0 = a_1 = 1, \quad a_2 = \frac{1}{2}, \quad a_3 = \frac{a_2}{3} = \frac{1}{3 \cdot 2} = \frac{1}{3!}, \cdots, \quad a_k = \frac{1}{k!}, \cdots$$

が得られる[†]。したがって，指数関数 e^x は，次のベキ級数に展開できることがわかった。

$$e^x = 1 + x + \frac{1}{2!} x^2 + \frac{1}{3!} x^3 + \cdots = \sum_{k=0}^{\infty} \frac{1}{k!} x^k \tag{3.21}$$

[†] $k!$ は k の**階乗**（かいじょう）といい，$k! = 1 \times 2 \times 3 \times \cdots \times k$ を表す。

演習問題

3.7 三角関数のベキ級数展開を求め†，次式が得られることを確かめよ。

$$\left.\begin{array}{l}\sin x = x - \dfrac{1}{3!}x^3 + \dfrac{1}{5!}x^5 - \cdots = \sum_{k=0}^{\infty}\dfrac{(-1)^k}{(2k+1)!}x^{2k+1} \\ \cos x = 1 - \dfrac{1}{2!}x^2 + \dfrac{1}{4!}x^4 - \cdots = \sum_{k=0}^{\infty}\dfrac{(-1)^k}{(2k)!}x^{2k}\end{array}\right\} \quad (3.22)$$

3.5.2 オイラーの公式

さて，指数関数 e^x の引数 x を複素数にしてみよう。すなわち

$$x = \alpha + j\theta \quad (\alpha, \theta \text{ は実数})$$

とおいてみる。

$$e^x = e^{\alpha+j\theta} = e^\alpha e^{j\theta}$$

であり，指数が純虚数の $e^{j\theta}$ の部分に興味がある。この**複素指数関数**をベキ級数に展開してみよう。式 (3.21) に $x = j\theta$ を代入すると

$$\begin{aligned}e^{j\theta} &= 1 + j\theta + \dfrac{1}{2!}(j\theta)^2 + \dfrac{1}{3!}(j\theta)^3 + \cdots \\ &= \left(1 - \dfrac{1}{2!}\theta^2 + \dfrac{1}{4!}\theta^4 - \cdots\right) + j\left(\theta - \dfrac{1}{3!}\theta^3 + \dfrac{1}{5!}\theta^5 - \cdots\right)\end{aligned}$$

実部と虚部，それに式 (3.22) に注目してほしい。なんと，実部は $\cos\theta$ のベキ級数に，虚部は $\sin\theta$ のベキ級数になっている。すなわち，次式を得る。

$$e^{j\theta} = \cos\theta + j\sin\theta \quad (3.23)$$

これを**オイラーの公式** (Euler's formula) という。

オイラーの公式は，交流理論の根幹にかかわる最重要公式である。この式があるからこそ，交流理論における回路解析が簡単にできる。三角関数と指数関

---

† 三角関数は，二度微分すれば $(\sin x)'' = -\sin x$ と，符号が反転した同じ関数になる。これより係数比較の漸化式を導出し，$\sin 0 = 0, \cos 0 = 1$ という既知の値を用いて，各係数の値を決定すればよい。

数は，複素数の世界でこのように関係づけられている。複素関数を考えることが自然であり大切であるかを示す一例といえよう。

この公式の御利益は何といっても微分演算や積分演算で指数関数がその形を変えないという性質であろう。

$$\frac{d}{d\theta}e^{j\theta} = je^{j\theta}, \quad \int e^{j\theta}d\theta = \frac{1}{j}e^{j\theta} \tag{3.24}$$

このことは，学習歴が進むとともに実感することとなる。

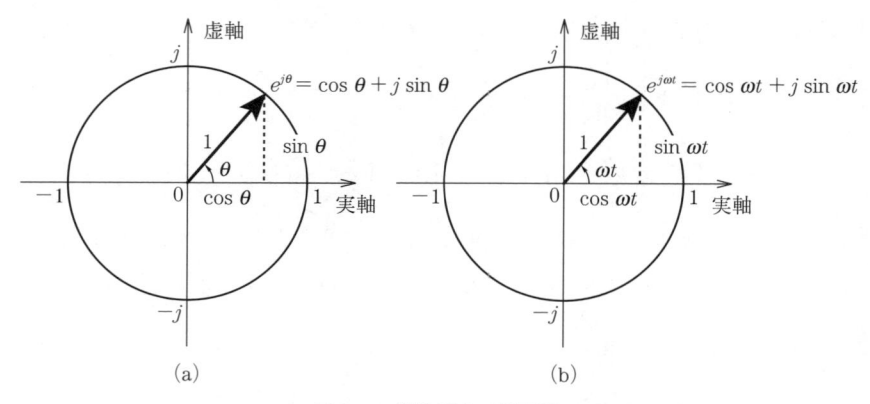

3.5.3 単位円上の複素数

単位円上の複素数（**図 3.3** (a)）は，興味深い性質をもっていて，応用面でもたいへん重要である。思いつくままにいくつか性質をあげておこう。なお，図(b) は図 (a) と同じ図であるが，角度 θ が角速度 ω で運動している場合を表している。単位円上の複素数を考えるときには，いつもこの図を思い浮かべると役に立つであろう。

図 3.3 単位円上の複素数

オイラーの公式をもう一度示してからいろいろな性質を見ることにしよう。

$$e^{j\theta} = \cos\theta + j\sin\theta \tag{3.25}$$

単位円上の複素数はその絶対値が 1 であるから，次の公式が成り立つ。

$$|e^{j\theta}| = \sqrt{\cos^2\theta + \sin^2\theta} = 1 \tag{3.26}$$

また，$e^{j\theta}$ の複素共役は $\overline{e^{j\theta}} = e^{-j\theta}$ であるから

$$e^{-j\theta} = \cos\theta - j\sin\theta \tag{3.27}$$

となり，式 (3.25), (3.27) より次式が得られる†。

$$\cos\theta = \frac{e^{j\theta} + e^{-j\theta}}{2}, \quad \sin\theta = \frac{e^{j\theta} - e^{-j\theta}}{2j} \tag{3.28}$$

● 特別な角度の値

$$\left.\begin{aligned}
e^{j0} &= \cos 0 + j\sin 0 = 1 \quad \left(= e^{j2\pi}\right) \\
e^{j\pi/2} &= \cos\frac{\pi}{2} + j\sin\frac{\pi}{2} = j \\
e^{j\pi} &= \cos\pi + j\sin\pi = -1 \\
e^{j3\pi/2} &= \cos\frac{3\pi}{2} + j\sin\frac{3\pi}{2} = -j
\end{aligned}\right\} \tag{3.29}$$

● 三角関数の加法定理

$$e^{j(\theta_1+\theta_2)} = e^{j\theta_1}e^{j\theta_2}$$

の右辺と左辺に式 (3.25) を適用すると

$$\begin{aligned}
e^{j(\theta_1+\theta_2)} &= \cos(\theta_1+\theta_2) + j\sin(\theta_1+\theta_2) \\
e^{j\theta_1}e^{j\theta_2} &= (\cos\theta_1 + j\sin\theta_1)(\cos\theta_2 + j\sin\theta_2) \\
&= \cos\theta_1\cos\theta_2 - \sin\theta_1\sin\theta_2 + j(\sin\theta_1\cos\theta_2 + \cos\theta_1\sin\theta_2)
\end{aligned}$$

したがって，次の加法定理を得る。

$$\left.\begin{aligned}
\cos(\theta_1+\theta_2) &= \cos\theta_1\cos\theta_2 - \sin\theta_1\sin\theta_2 \\
\sin(\theta_1+\theta_2) &= \sin\theta_1\cos\theta_2 + \cos\theta_1\sin\theta_2
\end{aligned}\right\} \tag{3.30}$$

---

† $\theta = j\phi$ とおけば，次式の**双曲線関数** (hyperbolic-cos, -sin) が得られる。

$$\cosh\phi = \cos(j\phi) = \frac{e^\phi + e^{-\phi}}{2}, \quad \sinh\phi = \frac{\sin(j\phi)}{j} = \frac{e^\phi - e^{-\phi}}{2}$$

この二つの式より，$\cos\phi = \cosh(j\phi)$, $j\sin\phi = \sinh(j\phi)$ となり，オイラーの公式を $e^{j\phi} = \cosh(j\phi) + \sinh(j\phi)$ と記述できることもわかる。

● ド・モアブルの定理

指数関数の性質 $(e^{j\theta})^n = e^{jn\theta}$ から，ただちに次のド・モアブル (de Moivre) の定理を得る。

$$(\cos\theta + j\sin\theta)^n = \cos n\theta + j\sin n\theta \tag{3.31}$$

● 1 の n 乗根

方程式 $x^n = 1$ の根を求めよう。一般に n 個存在することがわかっている[†]。いま，$x = e^{j\theta}$ と仮定して代入すると，次式を得る。

$$e^{j\theta n} = 1 = e^{j2\pi m} \qquad (m = 0, 1, 2, \cdots)$$

これより $\theta = 2\pi m/n$ が得られ，n 個の根は次式となる。

$$1, \quad e^{j2\pi/n}, \quad e^{j4\pi/n}, \quad e^{j6\pi/n}, \quad \cdots, \quad e^{j2\pi(n-1)/n} \tag{3.32}$$

● θ 回転

複素数 $z = x + jy$ に $e^{j\theta}$ を掛けると，複素数 z は角度 θ だけ回転する。$w = u + jv = e^{j\theta}z$ とすると

$$w = u + jv = e^{j\theta}(x + jy) = x\cos\theta - y\sin\theta + j(x\sin\theta + y\cos\theta)$$

となる。したがって，複素平面上の点は次の変換を受ける。

$$\begin{bmatrix} u \\ v \end{bmatrix} = \begin{bmatrix} \cos\theta & -\sin\theta \\ \sin\theta & \cos\theta \end{bmatrix} \begin{bmatrix} x \\ y \end{bmatrix} \tag{3.33}$$

これは，z を角度 θ だけ回転させたことにほかならない。

複素数 $e^{j\theta}$ はこの場合，回転の行列 $\begin{bmatrix} \cos\theta & -\sin\theta \\ \sin\theta & \cos\theta \end{bmatrix}$ に対応しており

$$\begin{bmatrix} \cos\theta & -\sin\theta \\ \sin\theta & \cos\theta \end{bmatrix} = \cos\theta \begin{bmatrix} 1 & 0 \\ 0 & 1 \end{bmatrix} + \sin\theta \begin{bmatrix} 0 & -1 \\ 1 & 0 \end{bmatrix} = \cos\theta\,\mathbf{I} + \sin\theta\,\mathbf{J}$$

と分解できる。ここに

[†] これを，代数学の基本定理という。

$$\mathbf{I} = \begin{bmatrix} 1 & 0 \\ 0 & 1 \end{bmatrix}, \quad \mathbf{J} = \begin{bmatrix} 0 & -1 \\ 1 & 0 \end{bmatrix}$$

とおいた．これらの行列は積について

$$\mathbf{I}, \quad \mathbf{J}, \quad \mathbf{J}^2 = -\mathbf{I}, \quad \mathbf{J}^3 = -\mathbf{J}, \quad \mathbf{J}^4 = \mathbf{I}$$

となり，ちょうど虚数単位 j と同じルール

$$1, \quad j, \quad j^2 = -1, \quad j^3 = -j, \quad j^4 = 1$$

に従っている．一般に，複素数 $z = a + jb$ と行列 $\begin{bmatrix} a & -b \\ b & a \end{bmatrix}$ とは同じ四則演算の性質をもっている．その意味で同じものと考えてよい．

- 微分と積分

$$\frac{d}{dt} e^{j\omega t} = j\omega\, e^{j\omega t}, \quad \int e^{j\omega t}\, dt = \frac{1}{j\omega} e^{j\omega t} \tag{3.34}$$

3.5.4 複素数の表示法のまとめ

オイラーの公式から，これまで極座標表示と呼んできた複素数の表記法は，複素指数関数を用いて表すことが可能となった．すなわち

$$z = r\left(\cos\theta + j\sin\theta\right) = r\, e^{j\theta} \tag{3.35}$$

そこで，今後，極座標表示といえば，この複素指数関数を用いた表記法を意味することとしよう．複素数 z を表現する方法をまとめておく．

- 直角座標表示

    $z = x + jy \quad$ (x：実部, y：虚部)

- 極座標表示

    $z = r\, e^{j\theta} \quad$ (r：絶対値, θ：偏角)

- 直角座標表示から極座標表示への変換

    $r = |z| = \sqrt{x^2 + y^2}, \quad \theta = \arg(z) = \tan^{-1}\dfrac{y}{x}$

- 極座標表示から直角座標表示への変換

    $x = \mathrm{Re}(z) = r\cos\theta, \quad y = \mathrm{Im}(z) = r\sin\theta$

ここで，二つの複素数 $z_1 = r_1 e^{j\theta_1}$, $z_2 = r_2 e^{j\theta_2}$ の絶対値と偏角についても復習しておこう．

$$|z_1 z_2| = |z_1||z_2|, \quad \arg(z_1 z_2) = \arg(z_1) + \arg(z_2)$$

$$\left|\frac{z_1}{z_2}\right| = \frac{|z_1|}{|z_2|}, \quad \arg\left(\frac{z_1}{z_2}\right) = \arg(z_1) - \arg(z_2)$$

これらの式を使うと，直角座標表示の複素数 $z_1 = a + jb$, $z_2 = c + jd$ の積や商の絶対値と偏角は次式となる．

$$\left.\begin{array}{l} |z_1 z_2| = \sqrt{a^2+b^2}\sqrt{c^2+d^2}, \quad \arg(z_1 z_2) = \tan^{-1}\dfrac{b}{a} + \tan^{-1}\dfrac{d}{c} \\[2mm] \left|\dfrac{z_1}{z_2}\right| = \dfrac{\sqrt{a^2+b^2}}{\sqrt{c^2+d^2}}, \quad \arg\left(\dfrac{z_1}{z_2}\right) = \tan^{-1}\dfrac{b}{a} - \tan^{-1}\dfrac{d}{c} \end{array}\right\} \tag{3.36}$$

また，$\tan^{-1}$ の和や差に関しては次の公式が成立する†．

$$\left.\begin{array}{l} \tan^{-1}x + \tan^{-1}y = \tan^{-1}\dfrac{x+y}{1-xy} \\[2mm] \tan^{-1}x - \tan^{-1}y = \tan^{-1}\dfrac{x-y}{1+xy} \\[2mm] \pi - \tan^{-1}x = \tan^{-1}\dfrac{1}{x} \end{array}\right\} \tag{3.37}$$

ただし，各式の分母が負になるときは，式 (3.5) と同様の注意が必要である．

演習問題

3.8 複素数 $z = x + jy = r e^{j\theta}$ に対し次の (1)〜(6) を求め，その実部と虚部の式を導出せよ．

(1) z^n (2) $\sqrt{z}$ (3) $\log_e z$ (4) e^z (5) $\sin z$ (6) $\cos z$

付録 Excel VBA（A.3.6 項参照）

---

† この公式は，例えば第 1 式の場合，$(1+jx)(1+jy)$ の偏角を式 (3.36) の第 1 式より「複素数の積の偏角」として求めれば左辺が，$(1+jx)(1+jy) = (1-xy) + j(x+y)$ と積を展開してから偏角を求めれば右辺が得られる．

4

正弦波と複素正弦波

電気回路の交流理論では，電圧や電流の表現に三角関数が用いられる。そこで，本章では「時間の関数としての三角関数」について説明しておく。

4.1 正 弦 波

4.1.1 正 弦 波 と は

時間の関数としての三角関数について復習しておこう。

$$\text{余弦関数}\quad x(t) = A_m \cos(\omega t + \phi) \tag{4.1}$$

$$\text{正弦関数}\quad y(t) = A_m \sin(\omega t + \phi) \tag{4.2}$$

を考えよう。t は時刻を表す実変数である。いずれの関数についても，A_m を**振幅** (amplitude)，ω を**角周波数** (angular frequency)，ϕ を**初期位相** (initial phase) または単に**位相** (phase) という。

これらの関数は，tx 平面または ty 平面上でグラフに描くと周期的な**波形** (waveform) となるので，**余弦波**または**正弦波** (sinusoid) と呼ばれている。また，三つのパラメータ，A_m, ω, ϕ を与えると一意的に定まる。すなわち

- 振幅 A_m は波形の大きさ
- 角周波数 ω 〔rad/s〕は，1 秒間に角度 ω 〔rad〕回転する回転角の**角速度** (angular velocity)
- 位相角 ϕ 〔rad〕

を与えると正弦波は決まってしまう。電気回路では，式 (4.1), (4.2) のように

時間の関数として表された波形を**瞬時値** (instantaneous value) 表示と呼んでいる。

波形の**周期** (period) を T〔s〕，**周波数** (frequency) を f〔Hz〕とすると

$$\omega T = 2\pi, \quad fT = 1 \tag{4.3}$$

の関係がある（図 **4.1**）。

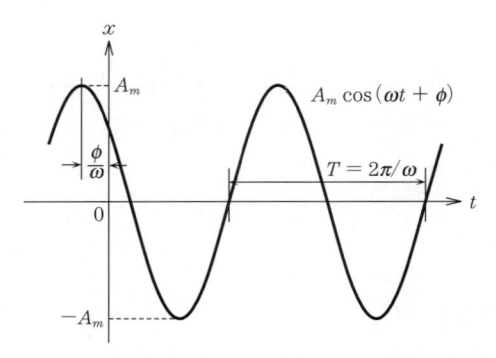

図 **4.1**　余 弦 波 の 例

式 (4.1), (4.2) を，xy 平面と時間軸 t からなる 3 次元グラフに描くと，一端を原点に固定した長さ A_m の棒が角速度 ω で回転するときの，棒の先端の動きを x 軸，および y 軸に射影した関数となる（図 **4.2**）。

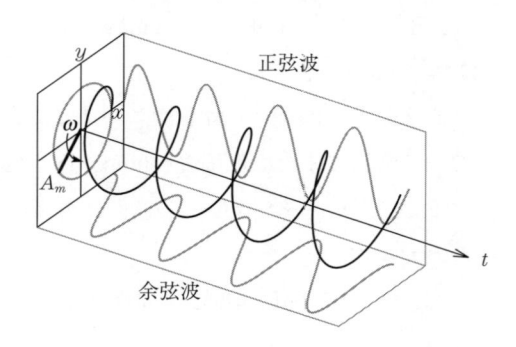

図 **4.2**　角速度 ω で回転する棒の各軸への射影

4.1.2 正弦波間の位相差

次に,位相の異なる二つの余弦波

$$x_1(t) = A_m \cos \omega t \tag{4.4}$$
$$x_2(t) = B_m \cos(\omega t + \phi) \tag{4.5}$$

について,位相のもつ性質を見ておこう。ここで,式 (4.4) を基準にして考えるために,その位相は 0 とおいた。

(1) $\phi = 0$ の場合,二つの波形は**同相** (in-phase) であるという。

(2) $\phi > 0$ の場合,式 (4.5) の波形は,式 (4.4) の波形より(位相が)**進んだ波形** (leading phase) であるという(図 **4.3** (a))。

(3) $\phi < 0$ の場合,式 (4.5) の波形は,式 (4.4) の波形より(位相が)**遅れた波形** (lagging phase) であるという(図 (b))。

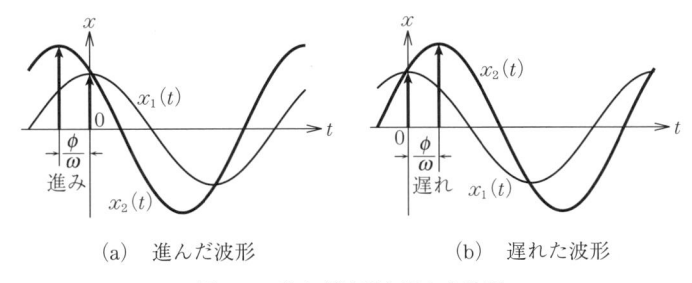

(a) 進んだ波形 　　　　(b) 遅れた波形

図 **4.3** 進んだ波形と遅れた波形

特に,式 (4.4) の波形より位相が $\dfrac{\pi}{2}$ だけ遅れた波形は

$$A_m \cos\left(\omega t - \frac{\pi}{2}\right) = A_m \sin \omega t \tag{4.6}$$

となって,正弦波となる。このことから,余弦波と正弦波はどちらか一方を考えれば十分である。以下では,主として余弦波を用いて説明する。

4.1.3 正弦波の実効値

正弦波の平均値について考えておこう。式 (4.1) を例にとって説明する。式 (4.2) についても同様である。まず，そのまま 1 周期にわたり平均してみる。

$$\langle x \rangle = \frac{1}{T} \int_0^T x(\tau)\, d\tau = \frac{\omega}{2\pi} \int_0^{2\pi/\omega} A_m \cos(\omega\tau + \phi)\, d\tau$$

$$= \frac{A_m}{2\pi} \Big[\sin(\omega\tau + \phi)\Big]_0^{2\pi/\omega} = 0 \tag{4.7}$$

ここに，$\langle \cdot \rangle$ は 1 周期にわたって平均をとることを表す。したがって，正弦波はそのまま平均してもその値は 0 となってしまう。このような波形については，一度 2 乗してから平均し，その平方根をとるとよい。すなわち

$$\langle x \rangle_{rms} = \sqrt{\frac{1}{T} \int_0^T [x(\tau)]^2\, d\tau} \tag{4.8}$$

を定義し，この平均 $\langle \cdot \rangle_{rms}$ を **2 乗平均の平方根** (root mean square) または単に rms という。特に，正弦波にこれを適用すると，交流回路では有用な物理量が得られるので，この平均値を**実効値** (effective value) と呼んでいる。

式 (4.1) の正弦波の場合，振幅 A_m と実効値 A_e の関係は次式となる。

$$A_e = \langle x \rangle_{rms} = \sqrt{\frac{1}{T} \int_0^T [x(\tau)]^2\, d\tau}$$

$$= \sqrt{\frac{\omega}{2\pi} \int_0^{2\pi/\omega} A_m^2 \cos^2(\omega\tau + \phi)\, d\tau} = \frac{A_m}{\sqrt{2}} \tag{4.9}$$

4.1.4 正弦波の合成

加法定理を用いて，$a\cos\omega t + b\sin\omega t$ を式 (4.1) のように $A_m \cos(\omega t + \phi)$ に変形することを**正弦波の合成**という[†]。

$$x(t) = a\cos\omega t + b\sin\omega t$$

$$= \sqrt{a^2 + b^2} \left\{ \frac{a}{\sqrt{a^2+b^2}} \cos\omega t + \frac{b}{\sqrt{a^2+b^2}} \sin\omega t \right\} \tag{4.10}$$

[†] $A_m \sin(\omega t + \phi)$ に変形する場合も同様に行えばよい。

と変形し

$$\cos\varphi = \frac{a}{\sqrt{a^2+b^2}}, \quad \sin\varphi = \frac{b}{\sqrt{a^2+b^2}} \tag{4.11}$$

とおくと，次式を得る．

$$x(t) = \sqrt{a^2+b^2}\left(\cos\varphi\cos\omega t + \sin\varphi\sin\omega t\right) = A\cos(\omega t - \varphi)$$
$$\left(A = \sqrt{a^2+b^2},\quad \varphi = \tan^{-1}\frac{b}{a}\right) \tag{4.12}$$

これらの関係は，図 **4.4** を見るとすぐに理解できるであろう．

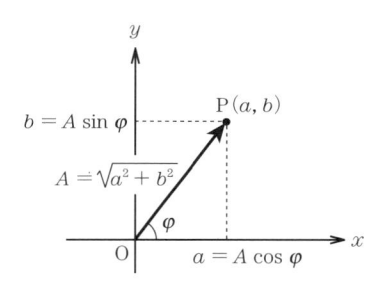

図 **4.4** 合成位相を計算するための図

演 習 問 題

4.1 次の二つの正弦波について，$x(t)$ に対する $y(t)$ の位相差を求めよ．

(1) $x(t) = \cos\left(\omega t - \dfrac{\pi}{6}\right),\quad y(t) = \cos\left(\omega t + \dfrac{\pi}{3}\right)$

(2) $x(t) = \sin\left(\omega t - \dfrac{\pi}{6}\right),\quad y(t) = \cos\left(\omega t + \dfrac{\pi}{3}\right)$

4.2 次の正弦波を合成し，$\cos\omega t$ に対する位相差を求めよ．

(1) $\cos\omega t + \sin\omega t$ (2) $\sqrt{3}\sin\omega t - \cos\omega t$ (3) $\sqrt{3}\cos\omega t - \sin\omega t$

4.3 次の正弦波の実効値を求めよ．

(1) $5\sqrt{2}\sin\omega t - 5\sqrt{2}\cos\omega t$ (2) $3\sin\omega t + 4\cos\omega t$

(3) $\sqrt{3}\sin\omega t + \cos\omega t$

4.2 複素正弦波

4.2.1 複素正弦波を考える理由

オイラーの公式を用いると

$$A_m e^{j(\omega t+\phi)} = A_m \cos(\omega t+\phi) + j\,A_m \sin(\omega t+\phi) \tag{4.13}$$

となる。この右辺の実部は式 (4.1)，虚部は式 (4.2) の正弦波である。式 (4.13) を正弦波の複素数表示といい，これを単に**複素正弦波**と呼ぶことにする。

瞬時値表示の実時間で表した正弦波の式 (4.1), (4.2) に対して，複素正弦波の式 (4.13) をわざわざ考えるのはなぜだろうか。これは

- いろいろな計算が飛躍的にらくになる
- その結果，計算の途中においても「式の意味」や「変形の見通し」，しいてはその「物理的意味」がわかる

からである。

では，複素正弦波を考えるとなぜ「計算が飛躍的にらくになる」のか。それは

- 微分・積分を施しても，指数関数は関数の形を変えない
- 複素数の指数関数を使った極座標表示を用いると，たやすく絶対値（振幅）と偏角（位相）が得られる

からである[†]。

以上より，正弦波を扱う電気回路の交流理論では，例外なく複素正弦波を用いて計算する。この具体的な方法を**記号法** (symbolic method) という。

しかし，次の事実を忘れてはならない。記号法が適用できるのは「線形回路に正弦波電源が印加されたときの定常状態を求める問題」のみである。

こんなに有用な記号法を紹介しない手はないのだが，それは電気回路の授業に任せることにして，以下，二つの正弦波の位相差を求める問題を複素正弦波を使って考えてみよう。

[†] ここに述べた理由は，まったく筆者の私見である。

4.2.2 複素正弦波を用いた位相差の計算

二つの正弦波の位相差を求める問題は，複素正弦波の問題に置き換えれば，まったく機械的に解くことができるようになる。

まず，位相差とは $-\pi \sim \pi$ までの角度 δ であり，その符号が正ならば進み，負ならば遅れであると考えよう。

さて，正弦波 $A\cos(\omega t + \phi)$ を基準として，別の正弦波との位相差を計算する問題を考える†。比較したい正弦波は，$B_1\cos(\omega t + \theta)$ か $B_2\sin(\omega t + \theta)$ のどちらかの形をしている。そこで，次の手順を考える。

(1) 基準とする正弦波を実部にもつ複素正弦波を求める。

$$x(t) = A\,e^{j(\omega t + \phi)} = A\cos(\omega t + \phi) + jA\sin(\omega t + \phi) \tag{4.14}$$

(2) 比較する正弦波を実部にもつ複素正弦波を求める。

$$y_1(t) = B_1 e^{j(\omega t + \theta)} = B_1\cos(\omega t + \theta) + jB_1\sin(\omega t + \theta) \tag{4.15}$$

$$y_2(t) = \frac{B_2 e^{j(\omega t + \theta)}}{j} = B_2\sin(\omega t + \theta) - jB_2\cos(\omega t + \theta)$$
$$= B_2 e^{j(\omega t + \theta - \pi/2)} \tag{4.16}$$

(3) 位相差は複素正弦波の商（比較/基準）より求められるので

$$\frac{y_1(t)}{x(t)} = \frac{B_1 e^{j(\omega t + \theta)}}{A\,e^{j(\omega t + \phi)}} = \frac{B_1}{A}\,e^{j(\theta - \phi)} \tag{4.17}$$

より，$x(t)$ に対する $y_1(t)$ の位相差 $\delta_1 = \theta - \phi$ が得られる。同様の計算より，$x(t)$ に対する $y_2(t)$ の位相差 $\delta_2 = \theta - \dfrac{\pi}{2} - \phi$ も得られる。

(4) 必要ならば，角度が $-\pi \sim \pi$ までの範囲に入るように $\pm 2\pi$ する。

演 習 問 題

4.4 演習問題 4.1 の位相差を複素正弦波を用いて求めよ。

4.5 演習問題 4.2 の位相差を複素正弦波を用いて求めよ。

---

† 正弦波 $\sin(\omega t + \phi)$ を基準としても同様な手法が考えられる。

4.3 複素正弦波の満たす微分方程式

4.3.1 微分方程式をつくる

複素正弦波

$$z(t) = A_m e^{j(\omega t + \phi)} = A_m \cos(\omega t + \phi) + j A_m \sin(\omega t + \phi) \tag{4.18}$$

を考えよう。これを時刻 t で微分すると次式を得る。

$$\frac{dz}{dt} = j\omega A_m e^{j(\omega t + \phi)} = j\omega z$$

したがって，$z(t)$ は次式の解となっている。

$$\frac{dz}{dt} - j\omega z = 0 \tag{4.19}$$

この方程式が，式 (4.18) の満たす**微分方程式**である[†]。

次に，$z = x + jy$ とおいて，実部と虚部が満たす方程式を導いておこう。式 (4.19) を実部と虚部に分解して

$$\frac{d}{dt}(x + jy) = \frac{dx}{dt} + j\frac{dy}{dt} = j\omega(x + jy) = -\omega y + j\omega x$$

より，次式を得る。

$$\frac{dx}{dt} = -\omega y, \quad \frac{dy}{dt} = \omega x \tag{4.20}$$

さらに，どちらかの変数を消去すると次式を得る。

$$\frac{d^2 x}{dt^2} + \omega^2 x = 0, \quad \frac{d^2 y}{dt^2} + \omega^2 y = 0 \tag{4.21}$$

これらの式は，**単振動** (simple oscillation or harmonic oscillation) の式として知られている。もちろん解は，一般に

[†] 逆に，式 (4.19) の解はすべて式 (4.18) の形に書ける。その意味で，式 (4.18) を微分方程式 (4.19) の**一般解**という。

$$x(t) = A\cos\omega t + B\sin\omega t \tag{4.22}$$

となっている。ここに，A, B は任意定数（積分定数）である。2 階の微分方程式 (4.21) が，複素数を用いると，式 (4.19) のように 1 階の微分方程式として簡単に表すことができる。

4.3.2　外力として複素正弦波をもつ微分方程式の定常解

いま，微分方程式の右辺に複素正弦波を加えた（これを**外力**という）次の方程式を考える。ここに，a, A は実数定数とする。

$$\frac{dz}{dt} + az = A\,e^{j\omega t} \tag{4.23}$$

さて，指数関数は微分してもその関数の形を変えないことから，式 (4.23) の解として，次の形の関数が候補となる。

$$z(t) = Z\,e^{j\omega t} \tag{4.24}$$

そこで，Z を見つけて解を求めよう。式 (4.24) を式 (4.23) に代入すると

$$j\omega Z\,e^{j\omega t} + aZ\,e^{j\omega t} = A\,e^{j\omega t}$$

となり，両辺から $e^{j\omega t}$ が消えて，Z に関する 1 次方程式を得る。

$$(a + j\omega)\,Z = A$$

これを解いて，式 (4.24) は次式となる。

$$z(t) = Z\,e^{j\omega t} = \frac{A}{a + j\omega}\,e^{j\omega t} \tag{4.25}$$

このままでは解の見通しがきかないので，右辺を極座標表示に書き直そう。

$$\begin{aligned}
z(t) &= \frac{A}{a + j\omega}\,e^{j\omega t} = \frac{A}{\sqrt{a^2 + \omega^2}\,e^{j\varphi}}\,e^{j\omega t} \\
&= \frac{A}{\sqrt{a^2 + \omega^2}}\,e^{j(\omega t - \varphi)} \quad \left(\varphi = \tan^{-1}\frac{\omega}{a}\right)
\end{aligned} \tag{4.26}$$

これで，式 (4.23) の解を見つけることができた．この解を式 (4.23) の**定常解**あるいは**特殊解**という．

興味深いことは，式 (4.23) の実部からなる微分方程式の解は，式 (4.26) の実部となっていることである．すなわち，微分方程式

$$\frac{dz}{dt} + az = A\cos\omega t \tag{4.27}$$

の解は

$$z(t) = \frac{A}{\sqrt{a^2+\omega^2}}\cos(\omega t - \varphi) \tag{4.28}$$

となる．

演 習 問 題

4.6 次の微分方程式の定常解を求めよ．

$$\frac{dz}{dt} + az = A\sin\omega t$$

4.7 次の微分方程式の定常解を求めよ．ただし，R, L, E は実数とする．

$$L\frac{di}{dt} + Ri = Ee^{j\omega t}$$

4.8 次の微分方程式の定常解を求めよ．ただし，R, L, C, E は実数とする．

$$CL\frac{d^2v}{dt^2} + CR\frac{dv}{dt} + v = Ee^{j\omega t}$$

また，この解を参照して，次の微分方程式の定常解を求めよ．

$$CL\frac{d^2v}{dt^2} + CR\frac{dv}{dt} + v = E\cos\omega t$$

4.4　正　弦　波　動

前節までに述べた時間関数としての三角関数を，空間あるいは時間・空間の関数と考えると，**正弦波動**となる．時間関数の正弦波が複素指数関数を用いると定常解析がらくになったように，正弦波動も複素化すると計算が著しく簡単になる．以下，余弦波を用いて基本的な用語と関係式をみておこう．

4.4.1 時間的な正弦波

まず,時刻 t の関数としての余弦波は,式 (4.1) より

$$z(t) = A_m \cos(\omega t + \phi) \tag{4.29}$$

となる。また,これに対応する複素指数関数は次式である。

$$z(t) = A_m e^{j(\omega t + \phi)} \tag{4.30}$$

どちらも 2 回微分するとわかるように,次の単振動の微分方程式を満足する。

$$\frac{d^2 z(t)}{dt^2} = -\omega^2 z(t) \tag{4.31}$$

4.4.2 空間的な正弦波

次に,直線上の点を表す空間座標 x の関数としての余弦波は

$$z(x) = A_m \cos(\beta x + \phi) \tag{4.32}$$

と書ける。また,これに対応する複素指数関数は

$$z(x) = A_m e^{j(\beta x + \phi)} \tag{4.33}$$

である。ここで,β は**位相定数** (phase constant) であり

$$\beta \lambda = 2\pi \tag{4.34}$$

を満足する長さ λ は**波長** (wave length) である。また

$$\beta = 2\pi k$$

を満たす k は**波数** (wave number) と呼ばれ,式 (4.32) の単位長さ当りに見られる山(余弦波の最大値)の数を表している。位相定数,波長および波数は,それぞれ時間波形の角周波数,周期および周波数に対応している。

式 (4.32),(4.33) どちらも,x で 2 回微分するとわかるように,次の時間を含まない**波動方程式**を満足する。

$$\frac{d^2 z(x)}{dx^2} = -\beta^2 z(x) \tag{4.35}$$

4.4.3 時間・空間的な正弦波

時刻 t と空間座標 x の関数としての余弦波は，式 (4.29), (4.32) と同様に

$$z(t,x) = A_m \cos(\omega t - \beta x + \phi) \tag{4.36}$$

と書ける．また，これに対応する複素指数関数は

$$z(t,x) = A_m e^{j(\omega t - \beta x + \phi)} = A_m e^{j\phi} e^{j\omega t} e^{-j\beta x} \tag{4.37}$$

である．どちらの関数も 2 回微分すると

$$\frac{\partial^2 z(t,x)}{\partial t^2} = -\omega^2 z(t,x), \quad \frac{\partial^2 z(t,x)}{\partial x^2} = -\beta^2 z(t,x)$$

となる．これらの関係式から，$z(t,x)$ は次の波動方程式を満足する．

$$\frac{\partial^2 z(t,x)}{\partial t^2} = \left(\frac{\omega}{\beta}\right)^2 \frac{\partial^2 z(t,x)}{\partial x^2} \tag{4.38}$$

4.4.4 進行波と定在波

式 (4.36) あるいは 式 (4.37) の余弦波は，山（振幅が最大となる位相）や谷（振幅が最小となる位相）が時間の経過とともに x 軸上を右（＋方向）に向かって移動する．すなわち，位相が一定となる関係を

$$\psi_+(t,x) = \omega t - \beta x + \phi = 一定 \tag{4.39}$$

とおくと，この位相の x 軸上での時間的変化は

$$\frac{dx}{dt} = \frac{\omega}{\beta} \tag{4.40}$$

となる．すなわち，位相は式 (4.40) の速度で右に移動することがわかる．この速度を**位相速度** (phase velocity) という．

このように，空間的に定位相の部分が，ある速度で動く波を**進行波** (traveling wave) という．また，図 4.5 のように右に移動する進行波を**前進波** (forward wave)，左に移動する波を**後進波** (backward wave) と呼ぶ．後進波の例は，例えば

$$z(t,x) = A_m \cos(\omega t + \beta x + \phi) \tag{4.41}$$

4.4 正弦波動

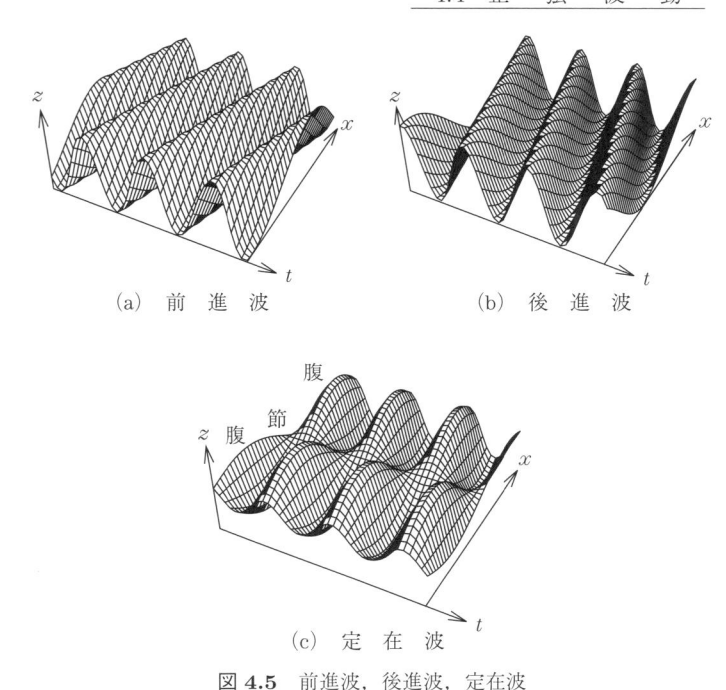

(a) 前進波

(b) 後進波

(c) 定在波

図 **4.5** 前進波，後進波，定在波

である。この波の位相速度は，$dx/dt = -\omega/\beta$ となる。

空間的に位相が右にも左にも動かず静止し，波の振幅が場所の関数となり，周期的に変化している場合がある。このような波動を**定在波** (standing wave) という（図 4.5 (c)）。例えば

$$z(t,x) = A_m \cos(\omega t - \beta x + \phi) + A_m \cos(\omega t + \beta x + \phi)$$
$$= 2A_m \cos(\omega t + \phi) \cos(\beta x) \tag{4.42}$$

は定在波の例である。これは，振幅 $2A_m \cos(\omega t + \phi)$ が時間的に余弦波で変化し，空間的には静止した余弦波 $\cos(\beta x)$ と見ることができる。定在波では，空間的に振幅が最大となる位置，すなわち $|\cos(\beta x)| = 1$ を満たす $x = n\pi$, $n = 0, 1, \cdots$ を腹 (loop) という。また $\cos(\beta x) = 0$ となる位置 $\beta x = \dfrac{\pi}{2} + n\pi$, $n = 0, 1, \cdots$ は節 (node) と呼ばれる。

5 定係数線形常微分方程式

5.1 指数関数とその性質

指数関数は，微分しても関数の形が変わらない特別な関数である．この性質が，定係数の線形常微分方程式を考える上で本質的な役割を果たしている．この章全体を通じて t は時刻を表す実数とする．

5.1.1 実変数の指数関数

実変数 t の指数関数は

$$e^t = \exp(t) = 1 + \frac{t}{1!} + \frac{t^2}{2!} + \cdots + \frac{t^k}{k!} + \cdots = \sum_{k=0}^{\infty} \frac{t^k}{k!} \tag{5.1}$$

で定義される．ここに e は自然対数の底であり，$e = 2.718\,281\,828\cdots$ の値をもつ定数（無理数）である．

いま，a を実数パラメータとする関数

$$x(t) = e^{at} \tag{5.2}$$

を考えると

$$\frac{dx(t)}{dt} = \frac{d}{dt} e^{at} = a\, e^{at} = a\, x(t) \tag{5.3}$$

の関係を得る．このことから $x(t) = e^{at}$ は次の性質をもっている．

(1) 微分しても関数 $x(t)$ は変化しない．

(2) 微分演算（左辺）が a 倍の掛け算（右辺）に等しい。したがって，この関数の場合，微分演算を定数倍の演算に置き換えることができる。すなわち，微分という解析的な演算が代数的な掛け算となる。

次に $t \to \infty$ での $x(t)$ の振る舞いを見ておこう。明らかに次の性質がある（図 5.1）。

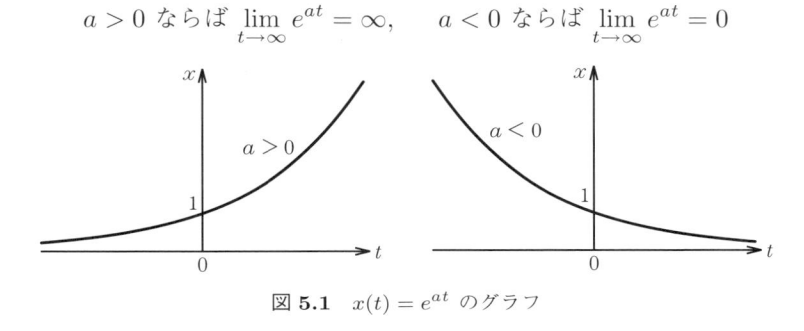

$$a > 0 \text{ ならば } \lim_{t \to \infty} e^{at} = \infty, \quad a < 0 \text{ ならば } \lim_{t \to \infty} e^{at} = 0$$

図 5.1 $x(t) = e^{at}$ のグラフ

例題 5.1 指数関数 $x(t) = Ke^{-at}$ を考える。ここに K は実定数，$a > 0$ とする。この関数の時定数と半減期を求めよ。

【解答】 関数の値が $1/e$ となる時間間隔のことを**時定数** (time constatnt)，また $1/2$ となる時間間隔のことを**半減期** (half value period) という。

いま，t_0 を任意の時刻，T_e を時定数，T_h を半減期としよう。上述の定義から

$$x(t_0 + T_e) = \frac{1}{e} x(t_0), \quad x(t_0 + T_h) = \frac{1}{2} x(t_0)$$

が成り立つ。これらの式に $x(t) = Ke^{-at}$ を代入して整理すると

$$aT_e = 1, \quad e^{aT_h} = 2$$

を得る。これより

$$T_e = \frac{1}{a}, \quad T_h = \frac{\ln 2}{a} = (\ln 2) T_e = 0.693\,147\, T_e \tag{5.4}$$

となり，T_e, T_h は t_0 に依存せず，a のみで決まることがわかる。

なお，時定数は $t = t_0$ において，関数に引いた接線が 0（時間軸）を横切るまでにかかる時間と考えることもできる（図 5.2）。この場合，接線の方程式は $y(t) = -aKe^{-at_0}(t - t_0) + Ke^{-at_0}$ であるから

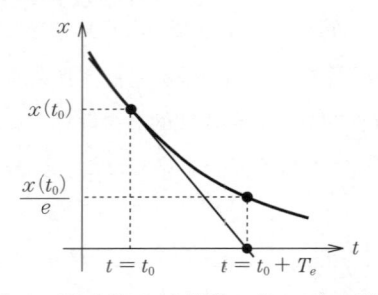

図 **5.2** 時定数 T_e と関数のグラフとの関係

$$y(t_0 + T_e) = -aKe^{-at_0}T_e + Ke^{-at_0} = 0$$

より式 (5.4) が求められる。電気工学ではもっぱら時定数が用いられる。　　◇

5.1.2　複素変数の指数関数

式 (5.2) の実パラメータ a を複素数 $-\zeta + j\omega$（ζ, ω は実数）と考えてみよう。オイラーの公式を用いると

$$z(t) = e^{(-\zeta + j\omega)t} = e^{-\zeta t}e^{j\omega t} = e^{-\zeta t}(\cos\omega t + j\sin\omega t) \tag{5.5}$$

となる。これを実部と虚部に分け $z(t) = u(t) + jv(t)$ と考えると

$$u(t) = e^{-\zeta t}\cos\omega t, \quad v(t) = e^{-\zeta t}\sin\omega t \tag{5.6}$$

を得る。t を変数として式 (5.6) のグラフを描くと図 **5.3** となる。

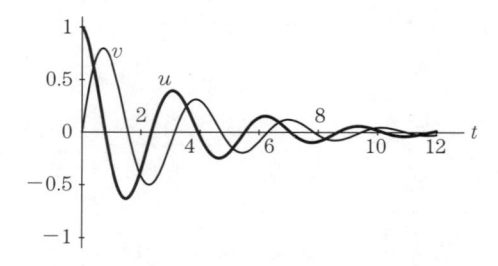

図 **5.3**　式 (5.6) のグラフ

式 (5.5) を t で微分すると，実変数の場合の式 (5.3) と同様に

$$\frac{dz(t)}{dt} = a\,z(t) = (-\zeta + j\omega)\,z(t) \tag{5.7}$$

となる．これより，式 (5.6) は次の微分方程式を満たしていることがわかる．

$$\frac{du(t)}{dt} = -\zeta u(t) - \omega v(t), \quad \frac{dv(t)}{dt} = \omega u(t) - \zeta v(t) \tag{5.8}$$

5.1.3 行列の指数関数

いま，$\mathbf{A}$ を $n \times n$ の正方行列（各要素は実数または複素数）とし，この行列の指数関数を次式で定義してみよう．

$$e^{\mathbf{A}t} = \exp(\mathbf{A}t) = \mathbf{I} + \mathbf{A}t + \frac{\mathbf{A}^2 t^2}{2!} + \cdots = \sum_{k=0}^{\infty} \frac{\mathbf{A}^k t^k}{k!} \tag{5.9}$$

ここに，$\mathbf{I}$ は $n \times n$ の単位行列を表す．式 (5.9) のべき級数は，すべての $\mathbf{A}$ と t に対して収束し，$n \times n$ の正方行列値指数関数がうまく定義できる．

式 (5.9) のべき級数を項別微分してみれば，式 (5.3), (5.7) と同様に

$$\frac{de^{\mathbf{A}t}}{dt} = \mathbf{A}\, e^{\mathbf{A}t} \tag{5.10}$$

が成り立つことがわかる．また，指数行列 $e^{\mathbf{A}t}$ について，次の性質がある．これらは定義式 (5.9) から確かめられる．

$$e^{\mathbf{A}(t+s)} = e^{\mathbf{A}t}\, e^{\mathbf{A}s} \tag{5.11}$$

$$\left(e^{\mathbf{A}t}\right)^{-1} = e^{-\mathbf{A}t} \tag{5.12}$$

$$\mathbf{BA} = \mathbf{AB} \quad \text{ならば} \quad \mathbf{B}\, e^{\mathbf{A}t} = e^{\mathbf{A}t}\, \mathbf{B} \tag{5.13}$$

$$\mathbf{BA} = \mathbf{AB} \quad \text{ならば} \quad e^{(\mathbf{A}+\mathbf{B})t} = e^{\mathbf{A}t} e^{\mathbf{B}t} \tag{5.14}$$

$$\mathbf{A} = \mathbf{P}\mathbf{B}\mathbf{P}^{-1} \quad \text{ならば} \quad e^{\mathbf{A}t} = \mathbf{P}\, e^{\mathbf{B}t}\, \mathbf{P}^{-1} \tag{5.15}$$

例題 5.2 次の行列 $\mathbf{A}$ の指数行列 $e^{\mathbf{A}t}$ を求めよ．

(1) $\begin{bmatrix} -a & 0 \\ 0 & -b \end{bmatrix}$, (2) $\begin{bmatrix} 0 & -\omega \\ \omega & 0 \end{bmatrix}$, (3) $\begin{bmatrix} -\zeta & -\omega \\ \omega & -\zeta \end{bmatrix}$, (4) $\begin{bmatrix} -a & 1 \\ 0 & -a \end{bmatrix}$

【解答】 定義式 (5.9) と性質の式 (5.11)〜(5.15) を使って，直接計算できる．

(1) $\begin{bmatrix} -a & 0 \\ 0 & -b \end{bmatrix}^k = \begin{bmatrix} (-a)^k & 0 \\ 0 & (-b)^k \end{bmatrix}$ であることから

$$\exp\left(\begin{bmatrix} -a & 0 \\ 0 & -b \end{bmatrix} t\right) = \begin{bmatrix} e^{-at} & 0 \\ 0 & e^{-bt} \end{bmatrix} \tag{5.16}$$

(2) $\begin{bmatrix} 0 & -1 \\ 1 & 0 \end{bmatrix} = \mathbf{J}$ とおくと,$\mathbf{J}^2 = -\mathbf{I}, \mathbf{J}^3 = -\mathbf{J}, \mathbf{J}^4 = \mathbf{I}$ となる。したがって

$$e^{\mathbf{J}\omega t} = \mathbf{I}\left\{1 - \frac{(\omega t)^2}{2!} + \frac{(\omega t)^4}{4!} \cdots\right\} + \mathbf{J}\left\{\omega t - \frac{(\omega t)^3}{3!} + \frac{(\omega t)^5}{5!} \cdots\right\}$$

$$= \mathbf{I}\cos\omega t + \mathbf{J}\sin\omega t = \begin{bmatrix} \cos\omega t & -\sin\omega t \\ \sin\omega t & \cos\omega t \end{bmatrix} \tag{5.17}$$

この結果をオイラーの公式と比較すると興味深い。

(3) $\begin{bmatrix} -\zeta & -\omega \\ \omega & -\zeta \end{bmatrix} = -\zeta\mathbf{I} + \omega\mathbf{J}$ と書ける。$\mathbf{IJ} = \mathbf{JI}$ なので,式 (5.14) より

$$e^{(-\zeta\mathbf{I}+\omega\mathbf{J})t} = e^{-\zeta\mathbf{I}t}e^{\omega\mathbf{J}t} = e^{-\zeta t}(\mathbf{I}\cos\omega t + \mathbf{J}\sin\omega t)$$

$$= \begin{bmatrix} e^{-\zeta t}\cos\omega t & -e^{-\zeta t}\sin\omega t \\ e^{-\zeta t}\sin\omega t & e^{-\zeta t}\cos\omega t \end{bmatrix} \tag{5.18}$$

なお,式 (5.8) を行列の形に書くと

$$\frac{d}{dt}\begin{bmatrix} u(t) \\ v(t) \end{bmatrix} = \begin{bmatrix} -\zeta & -\omega \\ \omega & -\zeta \end{bmatrix}\begin{bmatrix} u(t) \\ v(t) \end{bmatrix} \tag{5.19}$$

となり,行列微分方程式 (5.10) を列ごとに分解したベクトル微分方程式となる。このことから,式 (5.18) の第 1 列は式 (5.6) に対応している。逆に微分方程式 (5.19) は式 (5.18) の第 2 列の解ももつことがわかる。

(4) $k \geqq 2$ ならば,$\begin{bmatrix} 0 & 1 \\ 0 & 0 \end{bmatrix}^k = \begin{bmatrix} 0 & 0 \\ 0 & 0 \end{bmatrix}$ であるから

$$\exp\left(-at\mathbf{I} + t\begin{bmatrix} 0 & 1 \\ 0 & 0 \end{bmatrix}\right) = e^{-at}\left\{\mathbf{I} + t\begin{bmatrix} 0 & 1 \\ 0 & 0 \end{bmatrix}\right\}$$

$$= \begin{bmatrix} e^{-at} & te^{-at} \\ 0 & e^{-at} \end{bmatrix} \tag{5.20}$$

となる。なお,式 (5.20) に含まれる関数 te^{-at} は $a > 0$ とすると

$$\lim_{t\to\infty} te^{-at} = 0 \tag{5.21}$$

となることに注意しよう。すなわち,t と指数関数の積になっているが,t が十分大きくなると 0 に収束する。この関数のグラフを図 **5.4** に示しておく。 ◇

図 5.4　$te^{-0.3t}$ のグラフ

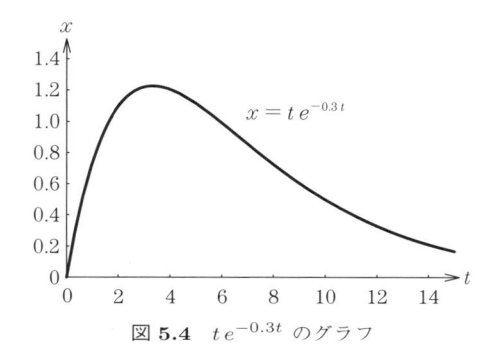

5.2　1階スカラー方程式

実数値関数 $x(t)$ に関する定係数 1 階常微分方程式

$$\frac{dx(t)}{dt} = a\,x(t) + b(t) \tag{5.22}$$

を考えよう．この方程式で $x(t)$ は，時刻 t における回路の**状態** (state) に対応する．また $b(t)$ は，電源に対応した既知関数である．これを**入力** (input) または**外力** (forcing term) と呼ぶ．$b(t) = B_0$（一定値）となる直流定電源，および $b(t) = B\sin\omega t$ となる正弦波交流電源の場合が基本的である．

式 (5.22) の基本的な性質は，解に関する**重ね合せの理**である．すなわち，$x(t)$ が入力 $h(t)$ に対する式 (5.22) の解であり，$y(t)$ が入力 $g(t)$ に対する解であるとき，入力 $b(t) = k_1 h(t) + k_2 g(t)$ に対する解は $k_1 x(t) + k_2 y(t)$ となる．ここで k_1, k_2 は任意のスカラー（実数）とする．このことは，直接代入してみれば簡単にわかる．

特に $k_1 = -k_2 = 1$, $h(t) = g(t) = b(t)$ とすると $x(t) - y(t)$ は

$$\frac{dx(t)}{dt} = a\,x(t) \tag{5.23}$$

の解となる．入力のない式 (5.23) を**同次方程式** (homogeneous equation)，入力のある式 (5.22) を**非同次方程式** (non-homogeneous equation) と呼ぶ．

5.2.1 同次方程式の一般解

式 (5.3) で見たように，e^{at} は同次方程式 (5.23) の一つの解である。さらに，K を任意定数として

$$x(t) = Ke^{at} \tag{5.24}$$

を考えると，これもまた式 (5.23) を満たすことがわかる。では逆に，式 (5.23) を満たす解は式 (5.24) 以外にはないのであろうか。

いま，$y(t)$ を式 (5.23) を満たす任意の解としよう。すなわち

$$\frac{dy(t)}{dt} = a\,y(t)$$

とする。$y(t)\,e^{-at}$ なる関数を考えると

$$\frac{d}{dt}\left\{y(t)\,e^{-at}\right\} = \frac{dy(t)}{dt}e^{-at} - a\,y(t)\,e^{-at} = 0$$

であることから $y(t)\,e^{-at}$ は一定，すなわち $y(t)\,e^{-at} = K$ となることがわかる。これより $y(t) = Ke^{at}$ となり，式 (5.23) の解は式 (5.24) しかないことがわかる。任意定数 K を含んだ解（式 (5.24)）のことを同次方程式 (5.23) の **一般解** (general solution) という。

同次方程式 (5.23) が与えられて，解（式 (5.24)）を求めるには，次の手順 (1)〜(3) に従えばよい。

(1) 式 (5.23) の解は指数関数となることがわかったので，この解を

$$x(t) = e^{\lambda t} \tag{5.25}$$

と仮定し，λ を決定することを考える。

(2) 式 (5.25) を式 (5.23) に代入すると $\lambda e^{\lambda t} = ae^{\lambda t}$，すなわち $(\lambda - a)\,e^{\lambda t} = 0$，ここで $e^{\lambda t} \neq 0$ より，λ を定める方程式

$$\chi(\lambda) = \lambda - a = 0 \tag{5.26}$$

を得る。式 (5.26) は式 (5.23) に対する **特性方程式** (characteristic equation) という。式 (5.26) より $\lambda = a$，すなわち次式が得られる。

$$x(t) = e^{at} \tag{5.27}$$

(3) 式 (5.27) はスカラー倍しても解となるので，一般解は式 (5.24) となる。

5.2.2 非同次方程式の特殊解と一般解

次に非同次方程式 (5.22) の解について考えよう。いま $x_p(t)$ を式 (5.22) を満たす一つの解とする。$x_p(t)$ は式 (5.22) を満たせば何でもよい。これを式 (5.22) の**特殊解** (particular solution) という。すると，重ね合せの理で述べたことから，式 (5.22) の任意の解は

$$x(t) = Ke^{at} + x_p(t) \tag{5.28}$$

の形をしていることがわかる。これを非同次方程式 (5.22) の**一般解**という。つまり，非同次方程式の一般解は，同次方程式の一般解と非同次方程式の特殊解を重ね合わせた解となっている（図 **5.5**）。

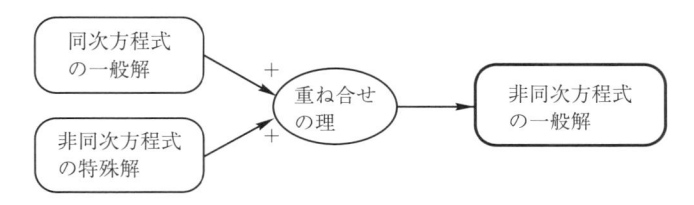

図 5.5 非同次方程式の一般解（重ね合せの理）

非同次方程式の特殊解を計算することを考えよう。一般的な手法として，次に述べる**定数変化法** (variation of constants formula) がある。

式 (5.22) の解を

$$x_p(t) = K(t)\, e^{at} \tag{5.29}$$

と仮定してみよう。これを式 (5.22) に代入して整理すると

$$\frac{dK(t)}{dt} = e^{-at} b(t) \tag{5.30}$$

を得る。この微分方程式はただちに積分できる。

$$K(t) = \int_{t_0}^{t} e^{-a\tau} b(\tau)\, d\tau \tag{5.31}$$

したがって，これを式 (5.29) に代入して

$$x_p(t) = \int_{t_0}^{t} e^{a(t-\tau)} b(\tau)\, d\tau \tag{5.32}$$

これより，非同次方程式の一般解 (5.28) は

$$x(t) = Ke^{at} + \int_{t_0}^{t} e^{a(t-\tau)} b(\tau)\, d\tau \tag{5.33}$$

と表すことができる。

例題 5.3 外力 $b(t)$ が次の関数で与えられる場合の特殊解を求めよ。

(1) E（一定） (2) $E e^{-\zeta t}$ (3) $E \sin \omega t$

【解答】 上述の定数変化法は一般の関数 $b(t)$ について計算できるが，積分の式 (5.31) を計算する必要がある。この例題のように $b(t)$ が比較的簡単な場合は，以下のように直接特殊解を求めるとよい。

(1) $b(t) = E$ なので，式 (5.31) より

$$K(t) = \int_{t_0}^{t} e^{-a\tau} E\, d\tau = -\frac{E}{a} \left\{ e^{-at} - e^{-at_0} \right\}$$

したがって

$$x_p(t) = -\frac{E}{a} \left\{ e^{-at} - e^{-at_0} \right\} e^{at} = -\frac{E}{a} \left\{ 1 - e^{a(t-t_0)} \right\}$$

一般解は

$$x(t) = Ke^{at} - \frac{E}{a} \left\{ 1 - e^{a(t-t_0)} \right\} = \left(K + \frac{E}{a} e^{-at_0} \right) e^{at} - \frac{E}{a} = Ke^{at} - \frac{E}{a}$$

ただし，$K + \dfrac{E}{a} e^{-at_0}$ を新たに任意定数 K とおき直した。

特殊解 $-E/a$ のみを求めるには，$x_p(t) = H$（一定）とおき，式 (5.22) に代入すると $0 = aH + E$，これより $x_p(t) = H = -E/a$ と簡単に求まる。

(2) $b(t) = E e^{-\zeta t}$ なので，$x_p(t) = H e^{-\zeta t}$ とおいて式 (5.22) に代入すると

$$-\zeta H e^{-\zeta t} = aH e^{-\zeta t} + E e^{-\zeta t}$$

これより，$\zeta + a \neq 0$ の場合

$$H = -\frac{E}{\zeta + a}$$

したがって一つの特殊解は

$$x_p(t) = -\frac{E}{\zeta + a} e^{-\zeta t}$$

である。$\zeta + a = 0$ の場合は，式 (5.31) から直接計算し，次式を得る。

$$x_p(t) = E\, t\, e^{at}$$

(3) $\mathrm{Im}(E\,e^{j\omega t}) = E\sin\omega t$ であるから，$E\,e^{j\omega t}$ なる外力の場合の解を求めて，その虚部をとればよい。そこで $z(t) = He^{j\omega t}$ と仮定すると，(2) と同様にして

$$z_p(t) = -\frac{E}{a - j\omega} e^{j\omega t} = -\frac{E}{\sqrt{a^2 + \omega^2}} e^{j(\omega t + \phi)} \qquad \left(\phi = \tan^{-1}\frac{\omega}{a}\right)$$

を得る。これより $b(t) = E\sin\omega t$ に対する一つの特殊解 $x_p(t)$ は

$$x_p(t) = \mathrm{Im}(z_p(t)) = -\frac{E}{\sqrt{a^2 + \omega^2}} \sin(\omega t + \phi)$$

となる。 $\diamondsuit$

5.2.3 初 期 値 問 題

一般解に現れる任意定数 K は，ある時刻 $t = t_0$ で解の値 $x(t_0) = x_0$ を指定すれば，完全に定めることができる。回路解析への応用では，すべてこの形で条件が与えられ，状態を一意的に決定することとなる。t_0 を初期時刻，x_0 を初期値，(t_0, x_0) の組を**初期条件** (initial condition) という。また初期条件を与えて，解を一意的に定める問題を**初期値問題** (initial value problem) という。

初期値問題を解くには，次の手順に従うとよい（図 **5.6**）。

(1) 一般解を求める。
(2) 初期条件より一般解に含まれる任意定数を一意的に決定し，条件を満たす解を求める。

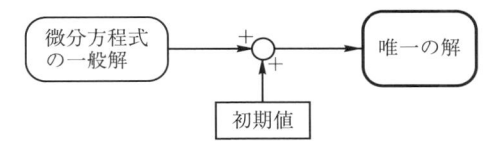

図 **5.6** 初期値が解を唯一に決定する

例題 5.4 初期条件 (t_0, x_0) を満たす式 (5.22) の解を求めよ。

【解答】 一般解は式 (5.33) であるから
$$x_0 = x(t_0) = Ke^{at_0} \quad \Rightarrow \quad K = e^{-at_0}x_0$$
したがって，求める解は
$$x(t) = e^{a(t-t_0)}x_0 + \int_{t_0}^{t} e^{a(t-\tau)} b(\tau)\,d\tau$$
となる。 ◇

例題 5.5 外力 $b(t)$ にインパルス関数 $\delta(t)$ が含まれる微分方程式 (5.22) の解について考えよう。初期条件は，簡単のため $(0, x_0)$ とする。また外力は，$b(t) = h(t) + E\delta(t-t_0)$ で与えられるものとする。ここで $h(t)$ は積分できる関数とする。

【解答】 状態に拘束が生じる回路や，状態変数の選択法がよくない場合には，この例題のようなインパルス[†]入力を考える必要が生じる。

式 (5.22) を積分方程式に書き直して考えてみよう。
$$x(t) - x(0) = \int_0^t \{a\,x(\tau) + h(\tau) + E\,\delta(\tau - t_0)\}\,d\tau$$
$$= \int_0^t \{a\,x(\tau) + h(\tau)\}\,d\tau + E\int_0^t \delta(\tau - t_0)\,d\tau$$
この式の最後の項は $t = t_0$ でインパルス関数があるので

(i) $0 \leq t < t_0$ の時間では
$$x(t) = x_0 + \int_0^t \{a\,x(\tau) + h(\tau)\}\,d\tau$$

(ii) $t > t_0$ の時間では
$$x(t) = x_0 + \int_{t_0}^t \{a\,x(\tau) + h(\tau)\}\,d\tau + E$$

となる。これは $t = t_0$ の瞬間に解を E だけずらすことを意味し，$t = t_0$ の瞬間に加わったインパルスは，解を $x(t_0)$ から $x(t_0) + E$ に跳躍させる（図 **5.7**）。

[†] インパルス関数については，5.4.2 節を参照。

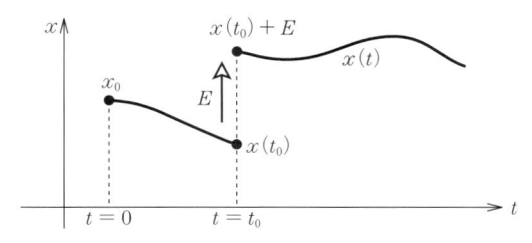

図 5.7 インパルス入力による解の跳躍

以上より，インパルス関数の入力項をもつ方程式の解法は，まずインパルス関数の入力項を除いた方程式の解を考え，インパルスが加わる時刻で，解をインパルス分だけ動かし，この点を新しい初期値として以降の解を求めればよい。　◇

5.3　ベクトル方程式

n 個の状態 $x_k(t), (k=1,\cdots,n)$ に関する定係数 1 階連立常微分方程式は

$$\frac{dx_k(t)}{dt} = \sum_{i=1}^{n} a_{ki}\, x_i(t) + b_k(t) \quad (k=1,\cdots,n) \tag{5.34}$$

の形をしている。ここに，a_{ki} は定数，$b_k(t)$ は外力となる既知関数である。

この方程式は，状態ベクトル $\mathbf{x}(t)$，行列 $\mathbf{A}$，外力ベクトル $\mathbf{b}(t)$

$$\mathbf{x}(t) = \begin{bmatrix} x_1(t) \\ x_2(t) \\ \vdots \\ x_n(t) \end{bmatrix},\ \mathbf{A} = \begin{bmatrix} a_{11} & a_{12} & \cdots & a_{1n} \\ a_{21} & a_{22} & \cdots & a_{2n} \\ \vdots & \vdots & \ddots & \vdots \\ a_{n1} & a_{n2} & \cdots & a_{nn} \end{bmatrix},\ \mathbf{b}(t) = \begin{bmatrix} b_1(t) \\ b_2(t) \\ \vdots \\ b_n(t) \end{bmatrix}$$

を用いて

$$\frac{d\mathbf{x}(t)}{dt} = \mathbf{A}\mathbf{x}(t) + \mathbf{b}(t) \tag{5.35}$$

のように簡潔に表すことができる。式 (5.35) は，1 階スカラー方程式 (5.22) と同じ形をしており，これまでの議論はほとんど変更なしに式 (5.35) に拡張できる。例えば初期条件 $(t_0, \mathbf{x}_0)$ を満たす式 (5.35) の一般解は次式となる。

$$\mathbf{x}(t) = e^{\mathbf{A}(t-t_0)} \mathbf{x}_0 + \int_{t_0}^{t} e^{\mathbf{A}(t-\tau)} \mathbf{b}(\tau) \, d\tau \tag{5.36}$$

さて，同次方程式

$$\frac{d\mathbf{x}}{dt} = \mathbf{A}\mathbf{x} \tag{5.37}$$

の初期値問題を考えてみよう．$t=0$ で初期値 $\mathbf{x}(0) = \mathbf{x}_0$ を満足する解を求める．式 (5.10) を参考にして，この解は

$$\mathbf{x}(t) = e^{\mathbf{A}t} \mathbf{x}_0 \tag{5.38}$$

となることがわかる．

例題 5.6 $x(0) = x_0, y(0) = y_0$ とし，次の同次方程式の解を求めよ．

(1) $\dfrac{dx}{dt} = -ax, \ \dfrac{dy}{dt} = -by$ \qquad (2) $\dfrac{dx}{dt} = -\omega y, \ \dfrac{dy}{dt} = \omega x$

(3) $\dfrac{dx}{dt} = -\zeta x - \omega y, \ \dfrac{dy}{dt} = \omega x - \zeta y$ \qquad (4) $\dfrac{dx}{dt} = -ax + y, \ \dfrac{dy}{dt} = -ay$

【解答】 例題 5.2 と式 (5.38) からただちに計算できる．
(1) $x(t) = e^{-at} x_0, \ y(t) = e^{-bt} y_0$
(2) $x(t) = x_0 \cos \omega t - y_0 \sin \omega t, \ y(t) = x_0 \sin \omega t + y_0 \cos \omega t$
(3) $x(t) = x_0 \, e^{-\zeta t} \cos \omega t - y_0 \, e^{-\zeta t} \sin \omega t, \ y(t) = x_0 \, e^{-\zeta t} \sin \omega t + y_0 \, e^{-\zeta t} \cos \omega t$
(4) $x(t) = x_0 \, e^{-at} + y_0 \, t \, e^{-at}, \ y(t) = y_0 \, e^{-at}$ \hfill $\diamondsuit$

同次方程式 (5.37) の解の式 (5.38) に含まれている行列指数関数を，具体的に表現する問題を考えておこう．

スカラー方程式の場合を参考に，式 (5.37) の解を

$$\mathbf{x}(t) = e^{\lambda t} \mathbf{h} \tag{5.39}$$

と仮定し，スカラー λ とベクトル $\mathbf{h}$ を定めることを考える．式 (5.39) を式 (5.37) に代入し，両辺を $e^{\lambda t}$ で割ると

$$\mathbf{A}\mathbf{h} = \lambda \mathbf{h} \quad \Rightarrow \quad (\mathbf{A} - \lambda \mathbf{I}) \mathbf{h} = \mathbf{0} \tag{5.40}$$

を得る。すなわち，式 (5.39) が同次方程式 (5.37) の解となるためには，λ, $\mathbf{h}$ は式 (5.40) を満足しなければならない。式 (5.40) は，2.3.7 項で述べた関係式であり，λ は行列 $\mathbf{A}$ の固有値，$\mathbf{h}$ は固有ベクトルと呼ばれ，$\mathbf{h} \neq \mathbf{0}$ なる解をもつためには，λ は次式の根とならなければならなかった。

$$\det(\mathbf{A} - \lambda \mathbf{I}) = 0 \tag{5.41}$$

応用上，最も大切なのは $\mathbf{A}$ の固有値が単根（たがいに相異なる根）の場合である。以下この場合についてのみ考えておこう。

〔1〕 **たがいに相異なる実根の場合**　　式 (5.41) の根を $\lambda_1, \cdots, \lambda_n$ とする。これらおのおのに対して式 (5.39) の解

$$\mathbf{x}_k(t) = e^{\lambda_k t} \mathbf{h}_k \quad (k = 1, 2, \cdots, n) \tag{5.42}$$

が見いだされる。$\mathbf{h}_k$ は λ_k に対する $\mathbf{A}$ の固有ベクトルであり，式 (5.40) より求める。これら n 個の解を同次方程式 (5.37) の**基本解** (fundamental solution) という。n 個の基本解が求められると，同次方程式の一般解 $\mathbf{x}(t)$ は

$$\mathbf{x}(t) = K_1 e^{\lambda_1 t} \mathbf{h}_1 + K_2 e^{\lambda_2 t} \mathbf{h}_2 + \cdots + K_n e^{\lambda_n t} \mathbf{h}_n \tag{5.43}$$

となる。ここに K_k は任意定数である。ここでも重ね合せの理を用いた。

例題 5.7　次の同次方程式の一般解を求めよ。

$$\frac{d\mathbf{x}}{dt} = \mathbf{A}\mathbf{x}, \quad \mathbf{A} = \begin{bmatrix} -1 & -2 \\ 1 & -4 \end{bmatrix}$$

【解答】
$$\det(\mathbf{A} - \lambda \mathbf{I}) = \begin{vmatrix} -1 - \lambda & -2 \\ 1 & -4 - \lambda \end{vmatrix} = \lambda^2 + 5\lambda + 6 = 0$$

より $\lambda_1 = -2$, $\lambda_2 = -3$ となる。λ_1 に対する固有ベクトルは，式 (5.40) より

$$(\mathbf{A} - \lambda_1 \mathbf{I}) \mathbf{h}_1 = \begin{bmatrix} 1 & -2 \\ 1 & -2 \end{bmatrix} \begin{bmatrix} h_1 \\ h_2 \end{bmatrix} = 0 \quad \Rightarrow \quad h_1 - 2h_2 = 0$$

この関係式さえ満たせばよいので，例えば $h_2 = 1$ を選ぶと $h_1 = 2$ と決まる。

すなわち，固有ベクトル $\mathbf{h}_1 = [2\ 1]^t$ となる．同様に λ_2 に対する固有ベクトルは $\mathbf{h}_2 = [1\ 1]^t$ と選べる．以上のことから一般解は次式となる．

$$\mathbf{x}(t) = K_1 e^{-2t} \begin{bmatrix} 2 \\ 1 \end{bmatrix} + K_2 e^{-3t} \begin{bmatrix} 1 \\ 1 \end{bmatrix} \qquad \diamondsuit$$

〔**2**〕 **一組のたがいに共役な複素根と他が実根の場合**　二組以上のたがいに共役な複素根をもつ場合も同様に扱うことができるので，ここでは一組のたがいに共役な複素根のある場合を考えておこう．

λ_1, λ_2 がたがいに共役な複素根 $(\lambda_2 = \overline{\lambda_1})$ とする．おのおのに対する固有ベクトルは $\mathbf{h}_1$ と $\mathbf{h}_2 = \overline{\mathbf{h}_1}$ になる．このとき同次方程式 (5.37) の一般解は，式 (5.43) と同様，形式的には

$$\mathbf{x}(t) = K e^{\lambda t} \mathbf{h} + \overline{K} e^{\overline{\lambda} t} \overline{\mathbf{h}} + K_3 e^{\lambda_3 t} \mathbf{h}_3 + \cdots + K_n e^{\lambda_n t} \mathbf{h}_n \qquad (5.44)$$

と書くことができる．ここに，$\lambda_1 = \lambda$, $\mathbf{h}_1 = \mathbf{h}$, $K_1 = K$ とおいた．定数 K は任意の複素数である．式 (5.44) 右辺の第 1 項と第 2 項はたがいに共役となり，結果は実数となることに注意しよう．

そこで，式 (5.44) の第 1 項と第 2 項を実数で具体的に表してみよう．

$$\lambda = -\zeta + j\omega, \quad K = K_1 + jK_2, \quad \mathbf{h} = \mathbf{h}_1 + j\mathbf{h}_2$$

とおこう．ここに $-\zeta, \omega$ は実数（固有値の実部と虚部），$\mathbf{h}_1, \mathbf{h}_2$ は実ベクトル（固有ベクトルの実部と虚部）である．すると

$$\begin{aligned} \mathrm{Re}(K e^{\lambda t} \mathbf{h}) &= K_1 e^{-\zeta t} (\mathbf{h}_1 \cos \omega t - \mathbf{h}_2 \sin \omega t) \\ &\quad - K_2 e^{-\zeta t} (\mathbf{h}_1 \sin \omega t + \mathbf{h}_2 \cos \omega t) \end{aligned}$$

の関係から，式 (5.44) 右辺の第 1 項と第 2 項の和は

$$\begin{aligned} K e^{\lambda t} \mathbf{h} + \overline{K} e^{\overline{\lambda} t} \overline{\mathbf{h}} &= 2 \mathrm{Re}(K e^{\lambda t} \mathbf{h}) \\ &= 2 K_1 e^{-\zeta t} (\mathbf{h}_1 \cos \omega t - \mathbf{h}_2 \sin \omega t) - 2 K_2 e^{-\zeta t} (\mathbf{h}_1 \sin \omega t + \mathbf{h}_2 \cos \omega t) \end{aligned}$$

となる．以上のことから，一般解の式 (5.44) は

$$\mathbf{x}(t) = K_1 \, e^{-\zeta t}(\mathbf{h}_1 \cos \omega t - \mathbf{h}_2 \sin \omega t) - K_2 \, e^{-\zeta t}(\mathbf{h}_1 \sin \omega t + \mathbf{h}_2 \cos \omega t)$$
$$+ K_3 \, e^{\lambda_3 t} \mathbf{h}_3 + \cdots + K_n \, e^{\lambda_n t} \mathbf{h}_n \tag{5.45}$$

と表すことができる。

例題 5.8 次の同次方程式の一般解を求めよ。
$$\frac{d\mathbf{x}}{dt} = \mathbf{A}\mathbf{x}, \quad \mathbf{A} = \begin{bmatrix} -\zeta & -\omega \\ \omega & -\zeta \end{bmatrix}$$

【解答】
$$\det(\mathbf{A} - \lambda \mathbf{I}) = \begin{vmatrix} -\zeta - \lambda & -\omega \\ \omega & -\zeta - \lambda \end{vmatrix} = (\lambda + \zeta)^2 + \omega^2 = 0$$

この根 $\lambda = -\zeta + j\omega$ に対する固有ベクトル $\mathbf{h}$ は,例題 5.7 と同様に計算すると,$jh_1 + h_2 = 0$ を満足する必要がある。いま,$h_1 = 1$, $h_2 = -j$ と選ぶと

$$\mathbf{h} = \begin{bmatrix} 1 \\ -j \end{bmatrix} = \begin{bmatrix} 1 \\ 0 \end{bmatrix} + j \begin{bmatrix} 0 \\ -1 \end{bmatrix}$$

したがって,式 (5.45) より一般解は次式となる。

$$\mathbf{x}(t) = K_1 \, e^{-\zeta t} \begin{bmatrix} \cos \omega t \\ \sin \omega t \end{bmatrix} - K_2 \, e^{-\zeta t} \begin{bmatrix} \sin \omega t \\ -\cos \omega t \end{bmatrix}$$

これは,例題 5.6 (3) の解と一致していることに注意しよう。　　　$\diamondsuit$

5.4　演算子法への準備

演算子法は微分方程式を代数方程式に変換し,解析を容易にしてくれる有用な手法である。この節では,演算子法を考えるに先だって,必要となるであろう事柄を三つに限って見ておくことにしよう。それらは,部分積分,インパルスとステップ関数,それに畳込み積分である。

一般に,演算子法は定係数線形微分方程式に限って適用可能である。この範囲では種々の演算子法が考えられ,いずれも数学的には関数解析の分野に基礎

をおいている。したがって，厳密な証明などについては現時点ではなじみがないのが普通である。われわれとしては，いかに利用するかという観点から，考え方の概要を学び，正しく使用できればよいと考える。

5.4.1 部 分 積 分

よく知られているように，二つの関数 $x(t), y(t)$ の積の微分は次式となる。

$$\frac{d}{dt}\{x(t)\,y(t)\} = \frac{dx(t)}{dt}y(t) + x(t)\frac{dy(t)}{dt} \tag{5.46}$$

したがって，これを積分すると

$$\Big[x(t)\,y(t)\Big]_a^b = \int_a^b \frac{dx(t)}{dt}y(t)\,dt + \int_a^b x(t)\frac{dy(t)}{dt}\,dt$$

となり，両辺の項を入れ替えて整理すると，次の部分積分の公式を得る。

$$\int_a^b \frac{dx(t)}{dt}y(t)\,dt = \Big[x(t)\,y(t)\Big]_a^b - \int_a^b x(t)\frac{dy(t)}{dt}\,dt \tag{5.47}$$

ここに，a, b は任意の定数である。

さて，この部分積分の公式は，次の点でわれわれにとって有用である。

(1) $x(t)$ の微分（左辺の被積分関数）を $y(t)$ の微分に肩代わりさせている（右辺第2項の被積分関数）。

(2) したがって，もし $y(t)$ として指数関数を選ぶと，右辺には微分操作は含まれなくなる。すなわち

$$\int_a^b \frac{dx(t)}{dt}e^{-st}dt = \Big[x(t)\,e^{-st}\Big]_a^b + s\int_a^b x(t)\,e^{-st}dt \tag{5.48}$$

ここに，s は任意定数[†]である。

一方，定係数線形微分方程式の解がどのような関数であったか振り返ると

　　指数関数：e^{-at}

　　指数関数と三角関数の積：$e^{-at}\cos bt,\ e^{at}\sin bt$

　　t^n と指数関数の積：$t\,e^{-at},\ (t^n + a_1 t^{n-1} + \cdots + a_{n-1}t + a_n)\,e^{-at}$

[†] $-$ 符号は，今後出てくる公式が $-$ 符号がついている場合が多いので，便宜上付した。

5.4 演算子法への準備   97

などであった．さらに，強制外力としての入力信号には任意の有界な関数が考えられた．特に，入力関数はスイッチの開閉動作などによって部分的に「不連続で飛びのある」関数となることが許された．

これらを考えあわせ，次の問題を処理できる方法があれば有用であろう．
- 微分演算をもっと簡単な演算，例えば代数的な演算におき換え，計算をらくにする方法はないものだろうか．
- 不連続な関数を自由に「微分できる」ように，微分演算そのものを拡張するにはどうしたらよいのであろうか．

部分積分の公式は，指数関数の性質と組み合わせることによって，ある意味でこれらの問題を処理できることを示唆している．

5.4.2 インパルス関数とステップ関数

インパルス関数（δ 関数）とステップ関数は，通信工学や信号処理を考える分野では最も基本的な関数である．われわれにとってこれらの関数は，「電池をスイッチで開閉するだけでいくらでも実例をつくることができる」ほどに，物理的実在として日常的な関数といえる．

例題 5.9 図 5.8 (a) に示した電圧源とスイッチ SW からなる回路を考える．端子対 a-a' に現れる電圧 $v(t)$ を時間の関数として表せ．ただし，スイッチは $t = 0$ で動作し，$t < 0$ では端子 1 に，$t > 0$ では端子 2 に接続される．

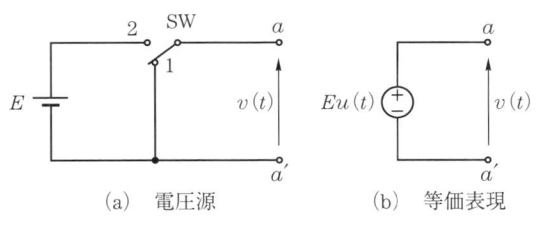

(a) 電圧源   (b) 等価表現

図 5.8 ステップ関数を出力する電圧源とその等価表現

【解答】 明らかに $v(t)$ は

$$v(t) = \begin{cases} E & (t \geq 0) \\ 0 & (t < 0) \end{cases} \tag{5.49}$$

となる。すなわち，端子対 a-a' から見たこの回路は，式 (5.49) で表される電圧源と考えることができる。式 (5.49) は最も単純な不連続関数の例である。

ここで，**単位ステップ関数** (unit step function) と呼ばれる関数 $u(t)$ を

$$u(t) = \begin{cases} 1 & (t \geq 0) \\ 0 & (t < 0) \end{cases} \tag{5.50}$$

と定義する（図 **5.9**）。この関数を用いると，式 (5.49) は

$$v(t) = E\,u(t) \tag{5.51}$$

となり，図 5.8 (a) は，等価な電圧源として図 (b) のように表すことができる。

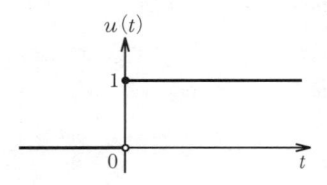

図 **5.9** 単位ステップ関数 $u(t)$

◇

例題 5.10 図 **5.10** (a) の回路に流れる電流を求めよ。

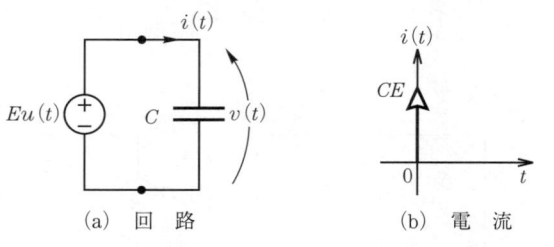

(a) 回　路　　　(b) 電　流

図 **5.10** ステップ電源にキャパシタを接続した回路と流れる電流

【解答】 キャパシタを流れる電流は

$$i(t) = C\,\frac{dv(t)}{dt} = CE\,\frac{du(t)}{dt} \tag{5.52}$$

5.4 演算子法への準備

である。$u(t)$ は $t \neq 0$ で一定であり $du/dt = 0$ となるが，$t = 0$ では不連続であるので，通常の意味では微分できない。

そこで，キャパシタに蓄えられる電荷に着目して，$du/dt|_{t=0}$ をどう考えたらよいか検討しよう。いま，時間軸で $t = 0$ に $(-)$ 側から近づいた極限を $t = 0_-$，$(+)$ 側から近づいた極限を $t = 0_+$ と書くことにする。$u(0_-) = 0$, $u(0_+) = 1$ より，スイッチの動作前後でキャパシタに蓄えられる電荷は次式となる。

$$\left.\begin{array}{l} q(0_-) = CE\,u(0_-) = 0 \\ q(0_+) = CE\,u(0_+) = CE \end{array}\right\} \tag{5.53}$$

式 (5.53) は，$t = 0$ で CE の電荷が，電池から瞬時にキャパシタに移動したことを意味している。時刻 0 の両側で微小時刻 $\varepsilon > 0$ を考えると

$$q(\varepsilon) = q(-\varepsilon) + \int_{-\varepsilon}^{\varepsilon} i(\tau)\,d\tau$$

$q(\varepsilon) = q(0_+) = CE$, $q(-\varepsilon) = q(0_-) = 0$ より

$$q(0_+) = CE = \int_{-\varepsilon}^{\varepsilon} i(\tau)\,d\tau = \int_{-\varepsilon}^{\varepsilon} \frac{dq(\tau)}{d\tau}\,d\tau = CE \int_{-\varepsilon}^{\varepsilon} \frac{du(\tau)}{d\tau}\,d\tau$$

CE で割ると次式を得る。

$$\int_{-\varepsilon}^{\varepsilon} \frac{du(\tau)}{d\tau}\,d\tau = 1 \tag{5.54}$$

一方，$t = 0$ で ∞，$t \neq 0$ で 0 の値をもち

$$\int_{-\varepsilon}^{\varepsilon} \delta(\tau)\,d\tau = 1, \quad \delta(t) = 0\ (t \neq 0) \tag{5.55}$$

の性質をもつ特異な関数は，**単位インパルス関数** (unit impluse function) または**デルタ関数** (delta function) として知られている。式 (5.54) と式 (5.55) より，$t \neq 0$ で被積分関数が 0 であることから，積分の上限および下限が任意となり

$$\int_{-\infty}^{\infty} \frac{du(\tau)}{d\tau}\,d\tau = \int_{-\infty}^{\infty} \delta(\tau)\,d\tau = 1$$

これより

$$\frac{du(t)}{dt} = \delta(t) \tag{5.56}$$

と考えることができる。$\delta(t)$ は次の性質をもつ。

$$\int_{-\infty}^{\infty} x(\tau)\,\delta(\tau)\,d\tau = x(0) \tag{5.57}$$

$$\int_{-\infty}^{\infty} x(\tau)\,\delta(t-\tau)\,d\tau = x(t) \tag{5.58}$$

ただし，$x(t)$ は原点で連続な任意の関数とする．$\delta(t)$ の表し方は，本来 $t=0$ で ∞ であるが，式 (5.55) を考慮して，$t=0$ で高さ 1 の矢印記号を用いて表す（図 **5.11**）．

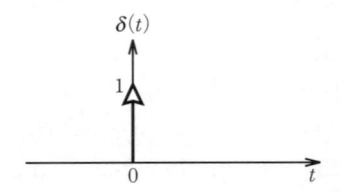

図 5.11 単位インパルス関数の表示法

以上のことから，流れる電流は

$$i(t) = C\,\frac{dv(t)}{dt} = CE\,\frac{du(t)}{dt} = CE\,\delta(t) \tag{5.59}$$

となる．すなわち，$t=0$ で一瞬に無限大の電流が流れ，キャパシタは瞬時に充電され，電圧は $v(t) = E$ となる（図 5.10 (b) 参照）．　　　　　　　　　◇

5.4.3　畳込み積分

静止した回路（状態がすべて 0 となっている回路）にインパルスを入力して，状態の変化を求めることを**インパルス応答**を見るという．

例題 5.11　図 **5.12** (a) に示した静止した RC 回路を考える．インパルス電圧源 $e(t) = \delta(t)$ が印加されたときのキャパシタ電圧を求めよ．

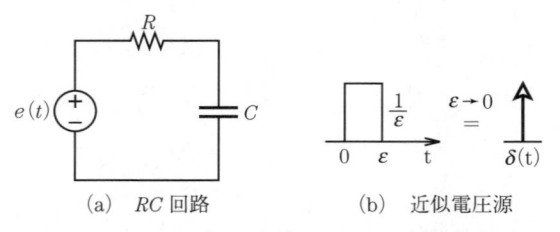

図 5.12　インパルス電圧源が印加された RC 回路と近似電圧源

【解答】 キャパシタ電圧を $v(t)$ とすると，回路方程式は

$$RC\frac{dv(t)}{dt} + v(t) = \delta(t) \tag{5.60}$$

である。さて，インパルス電源 $\delta(t)$ を，図 5.12 (b) の高さ $1/\varepsilon$，幅 ε の矩形波で近似し，結果の応答を $\varepsilon \to 0$ の極限として求めよう。応答は次式となる。

$$\left.\begin{array}{ll}(t \leqq 0) & v(t) = 0 \\ (0 \leqq t \leqq \varepsilon) & v(t) = \dfrac{1}{\varepsilon}\left[1 - e^{-\frac{1}{RC}t}\right] \\ (\varepsilon \leqq t) & v(t) = \dfrac{1}{\varepsilon}\left[1 - e^{-\frac{\varepsilon}{RC}}\right]e^{-\frac{(t-\varepsilon)}{RC}} \\ & \quad\;\; = \dfrac{1}{\varepsilon}\left[e^{\frac{\varepsilon}{RC}} - 1\right]e^{-\frac{1}{RC}t}\end{array}\right\} \tag{5.61}$$

最後の式は，係数を展開し

$$e^{\frac{\varepsilon}{RC}} = 1 + \frac{\varepsilon}{RC} + \frac{1}{2}\left(\frac{\varepsilon}{RC}\right)^2 + \cdots$$

を使って整理すると

$$v(t) = \frac{1}{\varepsilon}\left[\frac{\varepsilon}{RC} + \frac{1}{2}\left(\frac{\varepsilon}{RC}\right)^2 + \cdots\right]e^{-\frac{1}{RC}t} = \frac{1}{RC}e^{-\frac{1}{RC}t} + \varepsilon(\cdots)$$

となる。ここで，$\varepsilon \to 0$ とすると

$$v(t) = h(t) = \frac{1}{RC}e^{-\frac{1}{RC}t} \tag{5.62}$$

が得られる。これがインパルス応答である。v を改めて h と書いた。この応答は式 (5.60) の同次方程式を考え，その初期値を $1/RC$ とおいた解を表している。実際，回路方程式 (5.60) を整理してみると

$$\frac{dv(t)}{dt} + \frac{1}{RC}v(t) = \frac{1}{RC}\delta(t) \tag{5.63}$$

となって，入力 $\delta(t)/RC$ が入っている。 $\diamond$

さて，インパルス応答が求まれば，任意の入力 $f(t)$ に対する応答が次のように計算できる。式 (5.58) を用いると，$f(t)$ は δ 関数を使って

$$f(t) = \int_0^t f(\tau)\,\delta(t-\tau)\,d\tau \tag{5.64}$$

と表せる。ここで，$\delta(t)$ を印加して得られるインパルス応答の式 (5.62) は，回路方程式が自律系なので，時間遅れ τ の入力 $\delta(t-\tau)$ には $h(t-\tau)$ と応答す

る．もちろん，スカラー $f(\tau)$ 倍された遅れインパルス $f(\tau)\delta(t-\tau)$ に対する応答は $f(\tau)h(t-\tau)$ となる．これより，式 (5.64) に対する応答は次式になる．

$$g(t) = \int_0^t f(\tau)\,h(t-\tau)\,d\tau = \frac{1}{RC}\int_0^t e^{-\frac{1}{RC}(t-\tau)} f(\tau)\,d\tau \tag{5.65}$$

以上の事実は，回路方程式

$$\frac{dv(t)}{dt} + \frac{1}{RC}v(t) = \frac{1}{RC}f(t) \tag{5.66}$$

を直接解くことにより簡単に確かめられる．定数変化法により，解を

$$g(t) = K(t)e^{-\frac{1}{RC}t}$$

とおいて，式 (5.66) に代入し整理すると

$$\frac{dK(t)}{dt} = \frac{1}{RC}\,e^{\frac{1}{RC}t}f(t)$$

となる．これを積分して仮定した解に代入すれば，式 (5.65) と一致する．このように本節の議論は，定係数線形常微分方程式で記述される系ではいつも成り立つことがわかるであろう．

● **畳込み積分**

二つの関数 $f(t)$ と $h(t)$ から

$$g(t) = f(t) * h(t) = \int_{-\infty}^{\infty} f(\tau)\,h(t-\tau)\,d\tau \tag{5.67}$$

$$g(t) = f(t) * h(t) = \int_0^t f(\tau)\,h(t-\tau)\,d\tau \tag{5.68}$$

によりつくられる関数 $g(t)$ を $f(t)$ と $h(t)$ の **畳込み積分** (convolution) [†]という．積分の範囲は考える問題によって適当に選ばれる．畳込み演算は「積」の性質をもっている．例えば

$$f(t) * h(t) = h(t) * f(t)$$
$$\{f(t) + h(t)\} * k(t) = f(t) * k(t) + h(t) * k(t)$$

[†] 畳込み積分は合成積 (composition product) とも呼ばれる．

などは容易に証明できる。

　線形自律系では，式 (5.65) で求めたように，任意の入力 $f(t)$ に対する応答 $g(t)$ がインパルス応答 $h(t)$ と入力 $f(t)$ の畳込み積分で表されることから，この積は重要である。すなわち，一般的な電気回路（線形時不変集中定数回路）の回路方程式を記述した定係数線形常微分方程式は，式 (5.35) と同様に

$$\frac{d\mathbf{x}(t)}{dt} = \mathbf{A}\mathbf{x}(t) + \mathbf{B}\mathbf{u}(t) \tag{5.69}$$

で記述され，その応答は，式 (5.36) と同様に

$$\mathbf{x}(t) = e^{\mathbf{A}(t-t_0)}\mathbf{x}_0 + \int_{t_0}^{t} e^{\mathbf{A}(t-\tau)} \mathbf{B}\mathbf{u}(\tau)\, d\tau \tag{5.70}$$

となる。右辺第 1 項は，入力を取り除いたときの応答であり，同次方程式

$$\frac{d\mathbf{x}(t)}{dt} = \mathbf{A}\mathbf{x}(t) \tag{5.71}$$

の一般解が対応する。これは**零入力応答** (zero input response) と呼ばれ，適当に初期値を定めるとインパルス応答にほかならない。右辺第 2 項は入力に起因する応答であり，こちらは**零状態応答** (zero state response) と呼ばれ，インパルス応答との畳込み積分となっている。積分は各瞬間でのインパルス応答と入力の畳込み演算を連続的に重ね合わせる操作と見ることができる。

5.5　ラプラス変換法

　定係数線形常微分方程式を解く方法には，前述した時間領域で直接解く方法と，時間領域をいったん複素数領域に写像し，それを再び元の時間領域に戻すというラプラス変換法により解く方法の二つがある。

　以下，ラプラス変換法を必要最小限の範囲で紹介しよう。

5.5.1　定義と性質

時間の関数 $x(t)$ を次の積分により，複素数 s の関数 $X(s)$ に変換すること

をラプラス変換 (Laplace transform) †という。

$$\int_0^\infty e^{-st} x(t)\, dt = \mathcal{L}[x(t)] = X(s) \tag{5.72}$$

定義式 (5.72) から，次の性質がただちに導かれる。ただし，$\mathcal{L}[x(t)] = X(s)$, $\mathcal{L}[y(t)] = Y(s)$ とおいた。

(1) 線形性

$$\mathcal{L}[k_1 x(t) + k_2 y(t)] = k_1 X(s) + k_2 Y(s) \tag{5.73}$$

(2) 微分のラプラス変換

$$\mathcal{L}\left[\frac{dx(t)}{dt}\right] = s X(s) - x(0) \tag{5.74}$$

$$\mathcal{L}\left[\frac{d^2 x(t)}{dt^2}\right] = s^2 X(s) - s x(0) - \frac{dx(0)}{dt} \tag{5.75}$$

(3) 積分のラプラス変換

$$\mathcal{L}\left[\int_0^t x(t)\, dt\right] = \frac{1}{s} X(s) \tag{5.76}$$

(4) 時間遅れ T をもつ関数のラプラス変換

$$\mathcal{L}[x(t-T)] = e^{-sT} X(s) \tag{5.77}$$

(5) 初期値定理

$$\lim_{t \to 0} x(t) = \lim_{s \to \infty} s X(s) \tag{5.78}$$

(6) 最終値定理

$$\lim_{t \to \infty} x(t) = \lim_{s \to 0} s X(s) \tag{5.79}$$

式 (5.74), (5.75) のように微分は s を掛けること，式 (5.76) のように積分は s で割ることと覚えておくとよい。

---

† この章で考える時間の関数は，$t < 0$ において，つねに $x(t) = 0$ となっている関数のみを考える。言い換えれば $t < 0$ の時間については一切考えない。これが，式 (5.72) の下限を 0 にしている理由である。電気回路でいえば，時刻 $t = 0$ でスイッチを入れ，$t > 0$ における状態がどう変化するかということにのみ注目していることになる。

例題 5.12 次の同次方程式をラプラス変換し，$X(s)$ を求めよ．
$$\frac{d^2x(t)}{dt^2} + 2\zeta\frac{dx(t)}{dt} + (\zeta^2+\omega^2)\,x(t) = 0$$

【解答】 式 (5.73)～(5.75) を用いて次式を得る．
$$\mathcal{L}[与式] = s^2 X - s\,x(0) - \frac{dx(0)}{dt} + 2\zeta\,[s\,X - x(0)] + (\zeta^2+\omega^2)\,X = 0$$

整理すると
$$\{s^2 + 2\zeta s + (\zeta^2+\omega^2)\}X = s\,x(0) + \dot{x}(0) + 2\zeta\,x(0)$$

これより $X(s)$ は次式となる．
$$X(s) = \frac{s\,x(0) + \dot{x}(0) + 2\zeta\,x(0)}{s^2 + 2\zeta s + (\zeta^2+\omega^2)} \qquad\diamond$$

5.5.2 指数関数，三角関数とインパルス関数のラプラス変換

さて，ここで重要な関数のラプラス変換を計算しておく．

〔1〕 指数関数

$$\frac{de^{-at}}{dt} = -a\,e^{-at}$$

であるから両辺をラプラス変換すると，式 (5.74) を使って次式を得る．

$$s\,\mathcal{L}\left[e^{-at}\right] - 1 = -a\,\mathcal{L}\left[e^{-at}\right]$$

したがって
$$\mathcal{L}\left[e^{-at}\right] = \frac{1}{s+a} \tag{5.80}$$

特に，$a=0$ の場合を考えると，単位ステップ関数のラプラス変換
$$\mathcal{L}\left[u(t)\right] = \frac{1}{s} \tag{5.81}$$

が得られる．

〔2〕 指数三角関数　　式 (5.80) で $a = \zeta + j\omega$ とおくと

$$\mathcal{L}\left[e^{-\zeta t}\cos\omega t - je^{-\zeta t}\sin\omega t\right] = \frac{1}{s+\zeta+j\omega} = \frac{s+\zeta-j\omega}{(s+\zeta)^2+\omega^2}$$

したがって

$$\mathcal{L}\left[e^{-\zeta t}\cos\omega t\right] = \frac{s+\zeta}{(s+\zeta)^2+\omega^2} \tag{5.82}$$

$$\mathcal{L}\left[e^{-\zeta t}\sin\omega t\right] = \frac{\omega}{(s+\zeta)^2+\omega^2} \tag{5.83}$$

特に，$\zeta=0$ の場合を考えると，三角関数のラプラス変換が得られる．

$$\mathcal{L}\left[\cos\omega t\right] = \frac{s}{s^2+\omega^2} \tag{5.84}$$

$$\mathcal{L}\left[\sin\omega t\right] = \frac{\omega}{s^2+\omega^2} \tag{5.85}$$

〔3〕 **単位インパルス関数**　インパルス関数（δ 関数）は，その定義からただちに計算できる．

$$\mathcal{L}\left[\delta(t)\right] = \int_0^\infty e^{-st}\delta(t)\,dt = e^{-s\times 0} = 1 \tag{5.86}$$

〔4〕 **ま　と　め**　基本的な関数のラプラス変換を**表 5.1** にまとめておく†．

表 5.1　ラプラス変換表

$x(t)$	$X(s)=\mathcal{L}\left[x(t)\right]$	$x(t)$	$X(s)=\mathcal{L}\left[x(t)\right]$
$\delta(t)$	1	$\cos\omega t$	$\dfrac{s}{s^2+\omega^2}$
$u(t)$	$\dfrac{1}{s}$	$\sin\omega t$	$\dfrac{\omega}{s^2+\omega^2}$
t	$\dfrac{1}{s^2}$	$e^{-\zeta t}\cos\omega t$	$\dfrac{s+\zeta}{(s+\zeta)^2+\omega^2}$
e^{-at}	$\dfrac{1}{s+a}$	$e^{-\zeta t}\sin\omega t$	$\dfrac{\omega}{(s+\zeta)^2+\omega^2}$
te^{-at}	$\dfrac{1}{(s+a)^2}$		

---

† $x(t)=te^{-at}$ のラプラス変換は，式 (5.80) の両辺をパラメータ a で微分すれば得られる．また $a=0$ の場合より，$x(t)=t$ のラプラス変換も得られる．

5.5.3 微分方程式への適用と部分分数展開

準備ができたので，ラプラス変換を使って微分方程式を解いてみよう．簡単な例題で，どのような手順で解けばよいのか解法の道筋を示す．

例題 5.13 次の微分方程式をラプラス変換によって解け．
$$\ddot{x}(t) + 3\dot{x}(t) + 2x(t) = 8$$
ただし，初期値は $x(0) = 1, \dot{x}(0) = 4$ とする．

【解答】 与式をラプラス変換すると
$$\mathcal{L}[\text{与式}] = s^2 X - s\,x(0) - \dot{x}(0) + 3\,[sX - x(0)] + 2X = \frac{8}{s}$$
これに初期値を代入し整理すると
$$X = \frac{s(s+7)+8}{s(s^2+3s+2)} = \frac{s^2+7s+8}{s(s+1)(s+2)}$$
となる．この段階でラプラス変換後の複素関数 $X(s)$ が求められた．

次の段階は，これを逆変換して時間関数 $x(t)$ を求めることである．そのために $X(s)$ を部分分数展開して，できるだけ簡単な有理関数にする．
$$\frac{s^2+7s+8}{s(s+1)(s+2)} = \frac{a}{s} + \frac{b}{s+1} + \frac{c}{s+2}$$
とおいて係数 a, b, c を求める．右辺を通分して左辺と係数比較すると
$$a+b+c = 1, \quad 3a+2b+c = 7, \quad 2a = 8$$
の連立方程式を得る．これより，$a = 4, b = -2, c = -1$ であることがわかり
$$X(s) = \frac{4}{s} - \frac{2}{s+1} - \frac{1}{s+2}$$
この式を，表 5.1 を参照して逆ラプラス変換すると次式の解を得る．
$$\begin{aligned}x(t) &= \mathcal{L}^{-1}[X(s)] = 4\mathcal{L}^{-1}\left[\frac{1}{s}\right] - 2\mathcal{L}^{-1}\left[\frac{1}{s+1}\right] - \mathcal{L}^{-1}\left[\frac{1}{s+2}\right] \\ &= 4\,u(t) - 2\,e^{-t} - e^{-2t}\end{aligned}$$

◇

以上の手順をフローチャート風にまとめると図 **5.13** となる．これは，解法の一般的な道筋と考えてよい．

108　5. 定係数線形常微分方程式

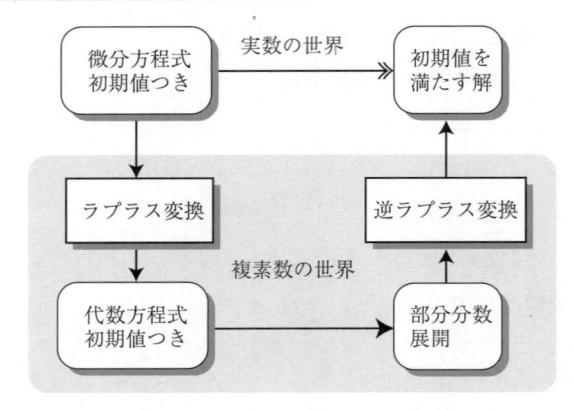

図 5.13 ラプラス変換法による解法の流れ図

● **部分分数展開**　ラプラス変換された複素関数は，一般に s の有理関数となっている。

$$X(s) = \frac{N(s)}{D(s)} = \frac{s^m + b_1 s^{m-1} + \cdots + b_{m-1} s + b_m}{s^n + a_1 s^{n-1} + \cdots + a_{n-1} s + a_n} \tag{5.87}$$

通常は，$n > m$ となっていて分母の次数のほうが大きい。これを最も簡単な有理関数の和に分解する計算を**部分分数展開**という。以下，その展開式を考えよう。なお，$D(s)$ の根となる複素数 s を X の極 (pole)，$N(s)$ の根となる複素数 s を X の零点 (zero) という。

最も一般的な場合は，極の次数が 1 の場合である[†]。このとき，分母の多項式には重根がないので，$X(s)$ は次式で表される。

$$\begin{aligned} X(s) &= \frac{N(s)}{(s+\alpha_1)(s+\alpha_2)\cdots(s+\alpha_n)} \\ &= \frac{\beta_1}{s+\alpha_1} + \frac{\beta_2}{s+\alpha_2} + \cdots + \frac{\beta_n}{s+\alpha_n} \end{aligned} \tag{5.88}$$

これを満たす係数 β_k を求めれば，部分分数展開ができたことになる。例題 5.13 では，通分し係数比較して得られる連立方程式を解くという手順で各係数 β_k を求めたが，一般に次式で計算できる。

[†] 極の次数が 2 以上の場合，すなわち，分母の多項式に重根のある場合にはあまり出くわさないので，本書では省略した。

$$\beta_k = (s+\alpha_k)X(s)\Big|_{s=-\alpha_k} \tag{5.89}$$

式 (5.89) は，例えば β_1 を求めるには，$(s+\alpha_1)X(s)$ すなわち $X(s)$ の分母から $(s+\alpha_1)$ を約分した式に，$s=-\alpha_1$ を代入すればよいことを意味している。例題 5.13 で具体的に説明すると，部分分数 $1/s$ の係数 a を求めるには，$sX(s)=(s^2+7s+8)/(s+1)(s+2)$ に $s=0$ を代入すれば 4 が得られる。

5.5.4 回路応答への適用例

例題 5.14 例題 5.11 のインパルス応答をラプラス変換を用いて求めよ。また，図 5.12 の回路の電圧源 $e(t)$ に直流電圧源 E を接続した場合，交流電圧源 $Ee^{j\omega t}$ を接続した場合の応答をラプラス変換を用いて求めよ。

【解答】 式 (5.60) より回路方程式は

$$RC\frac{dv(t)}{dt}+v(t)=\delta(t)$$

ラプラス変換すると

$$RC(sV-v_0)+V=1$$

初期値 $v_0=0$ を代入し整理すると

$$V(s)=\frac{1}{RCs+1}=\frac{1}{RC}\frac{1}{s+\frac{1}{RC}} \tag{5.90}$$

逆ラプラス変換すると次式が得られ，式 (5.62) に一致する。

$$v(t)=\mathcal{L}^{-1}\left[V(s)\right]=\frac{1}{RC}e^{-\frac{1}{RC}t}$$

（**直流電圧源**）$e(t)=E$ の場合の回路方程式は

$$RC\frac{dv(t)}{dt}+v(t)=E$$

ラプラス変換すると

$$RC(sV-v_0)+V=\frac{E}{s}$$

初期値 $v_0=0$ を代入し整理すると

$$V(s) = \frac{E}{s(RCs+1)} = E\left(\frac{1}{s} - \frac{1}{s+\frac{1}{RC}}\right) \tag{5.91}$$

逆ラプラス変換すると次式の応答が得られる。

$$v(t) = \mathcal{L}^{-1}\left[V(s)\right] = E\left(1 - e^{-\frac{1}{RC}t}\right)$$

（別解）　式 (5.65) に示したように，任意の入力 $f(t)$ に対する応答は，$f(t)$ とインパルス応答 $h(t)$ の畳込み積分 $f(t)*h(t)$ で求められる。畳込み積分のラプラス変換は

$$\mathcal{L}\left[f(t)*h(t)\right] = F(s)H(s) \tag{5.92}$$

となる。この性質を利用すれば，入力 E のラプラス変換 E/s とインパルス応答のラプラス変換の式 (5.90) の積より，ただちに式 (5.91) が得られる。

（交流電圧源）　$e(t) = Ee^{j\omega t}$ の場合は

$$\mathcal{L}\left[Ee^{j\omega t}\right] = \frac{E}{s - j\omega}$$

より，上述の畳込み積分のラプラス変換を用いれば，ただちに

$$V(s) = \frac{E}{(s-j\omega)(RCs+1)} = \frac{E}{1+j\omega RC}\left(\frac{1}{s-j\omega} - \frac{1}{s+\frac{1}{RC}}\right)$$

が得られ，逆ラプラス変換すると次式の応答が得られる。

$$\left.\begin{aligned}v(t) &= \frac{E}{1+j\omega RC}\left(e^{j\omega t} - e^{-\frac{1}{RC}t}\right) \\ &= \frac{Ee^{-j\phi}}{\sqrt{1+(\omega RC)^2}}\left(e^{j\omega t} - e^{-\frac{1}{RC}t}\right) \\ &= \frac{E}{\sqrt{1+(\omega RC)^2}}\left(e^{j(\omega t-\phi)} - e^{-j\phi}e^{-\frac{1}{RC}t}\right) \\ &\text{ただし } \phi = \tan^{-1}\omega RC \text{ である。}\end{aligned}\right\} \tag{5.93}$$

（参考）　もし，交流電圧源が $E\cos\omega t$ や $E\sin\omega t$ で与えられた場合は，式 (5.93) の $e^{j(\omega t-\phi)}$ と $e^{-j\phi}$ にオイラーの公式を適用し，その実部あるいは虚部をとればよい。また，式 (5.93) の第 2 項は $t \to \infty$ で 0 になることより，第 1 項が定常解に，第 2 項が過渡解に対応している。　　　　　　　　◇

付　録

A.1　高校物理の教科書から

A.1.1　新教育課程の学習内容

2006 年 4 月から，新指導要領で学習した高校生が大学に入学している．知識量が低下していることが問題となっている．これが学力低下問題である．みなさんは，その当事者として注目を浴びている．おおいに迷惑なことであろう．

実際，新課程の教科書で内容（表 A.1）を見てみると，「物理 I」の教科書では，従来より扱う事項が多くなっているにもかかわらず，式の数が極端に減ってしまっている．その分は「きれいな写真」と「わかりやすい図」で説明されている．したがって，本質的な内容は「物理 II」の教科書に先送りされているのだ．しかも，高校では「物理 II」は高学年にならないと教えられないという．大学入学時から専門基礎科目を学習するまでに，今後どのような接続教育を行ったらいいのか頭の痛い問題である．

表 A.1　新課程の高校物理の内容例

章の名前（式数計）	節の名前（節に含まれる主要な式の数）
物理 I　第 1 編，私たちのくらしと電気，pp.6〜55	
静電気と電流 (7)	静電気 (1)，電流 (6)，放電 (0)
電流と磁場 (0)	磁石 (0)，電磁石 (0)，モーター (0)，発電機のしくみ (0)
交流と電波 (0)	交流 (0)，電波 (0)
物理 II　第 2 編，電気と磁気，pp.69〜164	
電場 (27)	静電気力 (2)，電場 (4)，電位 (4)，電場の中の物体 コンデンサ (17)
電流 (15)	オームの法則 (7)，直流回路 (8)
電流と磁場 (21)	磁場 (3)，電流のつくる磁場 (4)
	電流が磁場から受ける力 (9)，ローレンツ力 (5)
電磁誘導と電磁波 (37)	電磁誘導の法則 (12)，交流の発生 (6)，インダクタンス (8)
	交流回路 (10)，電磁波 (1)

A.1.2 電気回路理論との関係

〔1〕 電気磁気現象のカプセル化＝電気回路　ここでは，「物理 I, II」の電気に関する内容から，さらに回路を学ぶために必要な部分を抜き出して「考え方（話の筋書き）」を述べることにしよう。

一般に，電気現象は，「電荷」と呼ばれる「電気の素」がこの世界に存在することに起因して生じる。電荷が複数個あれば，「電荷間の力に関係した現象」が観測される。この現象を「電場」「磁場」という二つの言葉[†]で法則として定式化した理論が「電気磁気学」である。電気磁気学は，電荷とその流れである電流によって起こる「電場と磁場の時間・空間的性質」を探求する。

さて，電気磁気学は時間・空間的に現象を説明するので結構複雑となり，テレビやコンピュータの設計に応用するにはやや困難となる。そこで，空間的に起こる電磁現象をカプセル化し，時間的に変化する電磁現象のみに着目し，現象を素子化して，素子たちのつなぎ合わせにより現象を設計する理論が考え出された。これが「電気回路理論」である。

カプセル化，すなわち要素化し，各要素を組み合わせて望ましい機能をもつ人工システムをつくることは，工学の設計手法の一つである。このようなシステムは，動的システムとして解析が一般的に扱えることから「集中定数系」と呼ばれている。電気回路は，集中定数系の典型的な例となっている。

以上のことから，高校物理の電気に関連した事項は，大学では「電気磁気学」と「電気回路理論」の二つに大別して教えられていることがわかった。

〔2〕 静的現象と動的現象　次に，物理的状態の「時間的な変化の有無」に関する考え方を見ることにしよう。物理現象は，電場や磁場，電荷，電流や電圧などといった物理的な状態間の関係式で表現される。これらの状態の時間的変化については，次の3種類に分けて考えるとわかりやすい（**表 A.2**）。

表 A.2　物理的な状態の時間的変化の様子

状態の変化	状態の変化率	法則を表す方程式	回路の例
静的　なし	0	連立方程式	直流回路
動的　連続	有限	連立微分方程式	交流回路
瞬時　不連続	∞	連立方程式	電池とコンデンサのみの回路

[†]　「電場」「磁場」という単語は，物理学で使用される用語である。工学では，これらをそれぞれ「電界」「磁界」という。

1) **静的状態**：変化していない，止まっている，静止している，平衡している，動かない状態のこと．この場合，物理法則，すなわち状態量の間の関係式は，一般に連立代数方程式となる．例えば，釣り合いの位置にある てこ，固定された電荷のつくる電場，一定電流のつくる磁場，電池と抵抗からつくられた直流回路の電流，などが代表的な例である．

2) **動的状態**：変化している，動いている状態のこと．動き（変化）に関する関係式は，一般に連立微分方程式で表される．例えば，飛行物体の運動，動いている電荷のつくる電場，交流電源と抵抗・コイル・コンデンサからつくられた回路（交流回路という）の電圧や電流，などがこの例である．

3) **瞬時に変わる不連続変化の状態**：一瞬に変化する，すなわち不連続な変化となる状態のこと．瞬時の変化は法則として記述するのが難しい．特殊な場合として，変化の前後で保存される量を，連立方程式として定式化できる場合がある．この一例としては，物理 II に出てくる，電池でコンデンサを充電する問題におけるコンデンサの電圧などが考えられる．この場合，電圧は瞬時に変化し，その変化の瞬間に無限大の電流が流れる[†]．

電気回路では，カプセル化して空間的な変化は考えないことにしたので，回路の状態は「時間的に変化しない」か「変化する」かのいずれかである．変化しない回路を「直流回路」という．変化する回路の一つに「交流回路」がある．

〔3〕 **三つのカプセル＝コンデンサ・コイル・抵抗**

学生 A：先生，ちょっと待ってください．電荷を動かさずに置いてある場合の現象は，静的であることはわかりますが，電流の静的な場合というのがわかりません．電荷が動くと流れるのが電流なので，いつも動的な気が･･･？

先生：いい質問だ．電荷を q，電流を i とすると

$$\frac{dq(t)}{dt} = i(t) \tag{A.1}$$

すなわち「電流は電荷の時間的な変化率」で定義される．さて，これは動的だろうか？

学生 B：静的というのは電流が変化しないということなので

$$\frac{di(t)}{dt} = 0, \quad \text{すなわち} \quad i(t) = \text{一定} \tag{A.2}$$

[†] 状態が不連続に変化する場合の物理学は厄介である．数学的に不連続関数の微分を考えることが難しいことに由来する．一方，日常生活では不連続現象にしばしば遭遇する．金づちで釘を打つ，物体の衝突，コンデンサの瞬時充電などがこの例である．このような場合には，別の適切な物理量が変化の前後で保存される性質をうまく使って問題を解決する．

ということで，一定電流を扱うということだと思います。

先生：これは模範解答だね。

学生 C：先生，動く，動かない，は相対的でしょう。電荷の動きと同じ速さで動かしたら電流はどうなりますか？

先生：鋭い質問だ。これは大学院生でも答えるのが難しい。電気回路理論では，現象をカプセル化することによって空間的な動きを無視してしまったので，この質問には関係ない。電気磁気学では，アインシュタインが考えた大問題につながっている。時間空間的な現象を座標変換する問題は難しい問題だということで，いまのところ深入りしないことにしよう。

学生 A：B さんの話と表 A.1 の物理 II を合わせて眺めてみると，電流が変化することによる電磁現象があるのでしょうか？

先生：そのとおり。有名な現象が潜んでいる。電気電子工学があるのもこの現象のおかげだろう。ファラデーが見つけた電磁誘導の現象で，「電流の時間的な変化率に比例した電圧」が発生する。

$$v(t) = L \frac{di(t)}{dt} \tag{A.3}$$

これをカプセル化した素子を「コイル」あるいは「インダクタ」と呼ぶ。

学生 A：先生，物理 II で出てきた「コンデンサ」もカプセル化した素子？

先生：そのとおり。電荷を蓄えるビーカーがコンデンサ（キャパシタとも呼ぶ）と考えるといい。蓄えられた量を電荷 q と考えると，$q =$ 底面積 $C \times$ 高さ v，すなわち

$$q(t) = C v(t) \tag{A.4}$$

と書ける。これは静的な式だが，電流の式を組み合わせると

$$i(t) = \frac{dq(t)}{dt} = C \frac{dv(t)}{dt} \tag{A.5}$$

となる。これがコンデンサの性質を表す動的な式といえる[†]。

先生：電磁誘導についても，まず電流に比例した磁場ができ，その時間的変化が電圧を誘導する。だから物理 II では，先に電流による磁場が説明されている。コイルを流れる電流 i による磁場の量（磁束）を λ，比例定数を L とすると

$$\lambda(t) = L i(t) \tag{A.6}$$

[†] 関係式に時間微分が含まれている場合を動的関係といっていることに注意してほしい。単に比例だけの関係は，たとえ物理量が時間的に変化していても静的関係である。

が成り立つ。そしてファラデーの法則は

$$v(t) = \frac{d\lambda(t)}{dt} \tag{A.7}$$

となる。これより，先に述べた関係式 (A.3) が得られる。

学生 C：電圧や電流が変化する話ばかりになっていますが，抵抗は

$$v(t) = R\,i(t) \tag{A.8}$$

の関係式を与える要素なので，静的ですね。

先生：そうだね。抵抗の電圧は電流に比例する。これが「オームの法則」だ。電圧と電流の関係を定義する要素を抵抗素子と考えると

$$\text{電圧源：}v(t) = E\,（一定），\quad \text{電流源：}i(t) = I\,（一定） \tag{A.9}$$

も抵抗の仲間と考えてよい。

先生：けっきょく，カプセル化した電気回路の構成要素である素子の種類は，大別して3種類：コイル（インダクタ），コンデンサ（キャパシタ），抵抗ということになる。

A.1.3 電気回路理論の枠組み

〔1〕 **素子の接続に関する法則**　さて，回路を構成する素子のプロフィールを紹介したので，次は回路を組み立てることにしよう。これもいたって簡単で，素子の端を適当に何ヵ所かに集めて接続すれば，回路ができる。このつなぎ方によって，電圧や電流が制約される。このことから生まれた法則がキルヒホッフの電流則と電圧則である。

物理 II の教科書には次のように説明されている。

- キルヒホッフの第1法則（**KCL**；電流則）回路中の任意の接続点に流れ込む電流を正，流れ出す電流を負の量で表すと，その総和はつねに 0 である。
- キルヒホッフの第2法則（**KVL**；電圧則）任意の閉じた回路に沿って1周するとき，電源・抵抗・コイル・コンデンサによる電圧の上昇を正，電圧の降下を負の量で表すと，その総和はつねに 0 である。

この二つの法則はどのような電気回路でも成り立つので，これらの法則を用いて回路の電圧や電流に関する関係式（方程式）を導くことができる。

例として，演習問題 2.4 に示した回路方程式はどのような電気回路からどうやって得られたのか種明かしをしておこう。

例題 A.1 図 A.1 の回路に対し，電流 I_1, I_2 を変数とした方程式を導け．

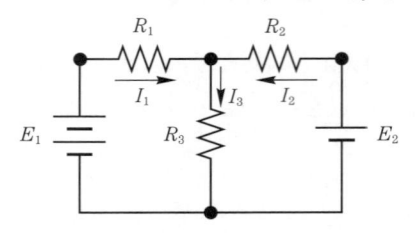

図 A.1 直流回路の例

【解答】 この回路を構成する素子は，抵抗 R_1, R_2, R_3 と直流電圧源 E_1, E_2 であり，それらが ● 印により接続している．式の導出手順を以下に示す．

① R_1-R_2 間の接続点 ● における KCL を考える．I_1, I_2 は流れ込む電流，I_3 は流れ出す電流であり，KCL より次式を得る．
$$I_1 + I_2 - I_3 = 0 \tag{A.10}$$

② 左の閉じた回路（E_1-R_1-R_3）の KVL を考える．R_1, R_3 における電圧降下はオームの法則より $R_1 I_1, R_3 I_3$ なので，KVL より次式を得る．
$$E_1 - R_1 I_1 - R_3 I_3 = 0 \tag{A.11}$$

③ 同様に，右の閉じた回路（E_2-R_2-R_3）の KVL より次式を得る．
$$E_2 - R_2 I_2 - R_3 I_3 = 0 \tag{A.12}$$

④ 式 (A.10) より $I_3 = I_1 + I_2$，これを式 (A.11), (A.12) に代入して整理すれば，演習問題 2.4 に示した次式が得られる．
$$\left. \begin{array}{l} (R_1 + R_3) I_1 + R_3 I_2 = E_1 \\ R_3 I_1 + (R_2 + R_3) I_2 = E_2 \end{array} \right\} \tag{A.13}$$

◇

〔2〕 交流理論 = 複素直流化の手法 時間的に正弦（あるいは余弦）波の電圧源は，4.1 節で述べたように
$$v(t) = E_m \sin(\omega t + \phi) \tag{A.14}$$

の形をしている．このような電源が印加された回路を「交流回路」という．交流回路の解析をどう進めるか．これが電気電子工学科で学ぶ「電気回路理論」の中心的課題である．そのためには，「法則の線形性・非線形性」，「定常状態と過渡状態」などの概念を理解する必要がある．その後，「交流回路の定常状態の解析は，**抵抗を複素数と考えた直流回路の解析に帰着できる**」ことがわかる．その意味で直流回路の解析は基本的と考えられる．

A.2　おためし回路論

この付録では，交流理論で学ぶ回路方程式を導くために必要な最小限の回路理論を展開する。名づけて「おためし回路論」という。

A.2.1　直　流　回　路

まず，直流回路とはどのような回路かを説明する。必要のない人は，パラパラと見るだけでいい。高校で習ってない人は，「すこし真面目に」読んでほしい。

ここで扱う電気回路の実例を見てみよう。

図 **A.2** (a) では，左側に描いた電池から 2 本の線が出て，黒丸の点で右側の長方形状に描いた抵抗から出た線に結ばれている。これが最も簡単な回路の例である。図 (b) では，電池が◯のなかに↑印の電流源に置き換えられている。図 (c) では，抵抗の数が増え，つなぎ方が複雑となった回路が示されている。

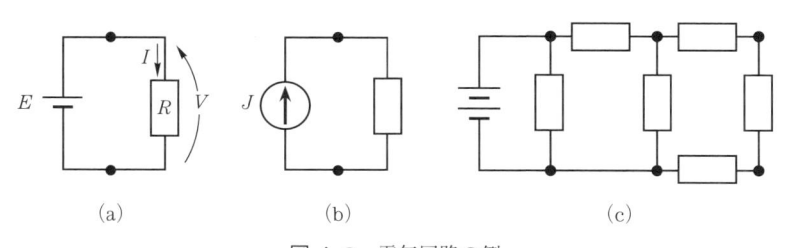

図 **A.2**　電気回路の例

これらの回路をさらに説明するために，図の特徴を述べておこう。

① 電圧を発生する電池，電流を持続させる電流源，長方形の箱で示した抵抗，これらを**回路素子** (circuit element) という。電池は電圧源とも呼ばれ，電圧源と電流源を合わせて電源という。したがって，これから考える回路は，電源と抵抗の 2 種類の回路素子から組み立てられる。

② 素子には 2 本の線が出ており，それらの端の点（**端子** (terminal point) という）でたがいにつながっている。これは，素子をどうつなぐかのルールを与える。すなわち，素子は端子でのみ接続される。

③ 各素子には，**電圧** (voltage) と**電流** (current) と呼ばれる二つの量が定義される。図 A.2 (a) の抵抗にその例を示した。V が電圧を，I が電流を示し，矢印は向きを表している。電池では電圧が E であり，電流源では電流が J である。

さて，このような回路で何を問題にするのかを明らかにしておこう。

問題は，回路に含まれる一部またはすべての素子の電圧や電流を求めること。

これらの量を求めるためには，回路図が示している電圧と電流についてのルールをはっきりさせておく必要がある。そこで，「素子の性質」と「素子の接続」から決まるルールを与えて電圧・電流の満たす方程式を導こう。

A.2.2 回路の法則——素子の性質——

〔1〕 **素子の電流と電圧の向き** 回路素子の性質を表すためには，素子の電圧と電流に向き (orientation) を与えておくと都合がよい。この「方向づけ」について，最初に考えておこう。

どの素子についても，電流と電圧の相対的な向きは，図 **A.3** のようにたがいに逆方向に測ることとする。

V：端子間電圧〔V〕
I：素子を流れる電流〔A〕

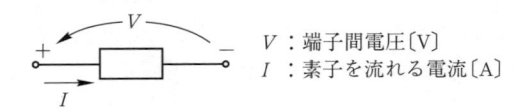

図 **A.3** 電流と電圧の向き

〔2〕 **電流と電圧の単位** 素子の電流・電圧の単位と記法を表 **A.3** に示した。記法としては，小文字と大文字のどちらを使ってもいいことにしよう。

表 **A.3** 電流・電圧とその記法の例

物理量	単位 (physical units)	記法の例
電　流	A　アンペア (Ampère)	I, i
電　圧	V　ボルト (Volt)	V, v

〔3〕 **抵抗素子の性質——オームの法則——** 抵抗 (resistor) とは，電圧と電流の関係が

$$V = RI \tag{A.15}$$

で表される素子のことをいう。この関係式を**オームの法則** (Ohm's law) という。式 (A.15) の電流と電圧の関係を逆にして

$$I = GV \tag{A.16}$$

と表す場合もある。この場合 $G = 1/R$ となっている。式 (A.16) の電流と電圧の関

係で表された抵抗のことを，区別して使うときは**コンダクタ** (conductor) という．抵抗とコンダクタはいずれも，図 A.3 に示したような長方形の箱で表す．通常，この箱の中，あるいはすぐ隣に素子値を書いておく．

式 (A.15), (A.16) の比例定数 R, G は，**表 A.4** の呼び名[†1][†2] で呼ばれている．

表 **A.4** 抵抗・コンダクタとその記法の例

素 子	単位 (physical units)	素子値の記法の例
抵 抗	Ω オーム (Ohm)	R 抵抗
コンダクタ	S ジーメンス (Siemens)	G コンダクタンス

〔4〕 電圧源と電流源 素子の電圧を固定して一定とする素子が**電圧源** (voltage source) である．電圧源の例に電池がある．また，素子を流れる電流を固定し一定とする素子のことを**電流源** (current source) という．これらを総称して**電源** (source) という．電圧源の記号は 図 A.2 (a) に示した電池の記号を使う．電圧値は隣に書かれた値，向きは電池記号の長線が ＋ である．電流源の記号は 図 A.2 (b) に示した記号を使う．電流値は隣に書かれた値，向きは〇中の矢印で示される．

A.2.3 回路の法則 ——接続の性質——

〔1〕 回路と向きのついたグラフ 抵抗と電源をいくつか用意して，その端子どうしを接続すると，**回路** (circuit) が構成できる．できあがった回路は，幾何学的には素子をつなぎ合わせてつくった網のようになっており，このことから**回路網** (network) とも呼ばれる．

さて，接続の性質だけを見るのであるから，素子を線分に置き換えても差しつかえない．すると元の回路より，接続点と線分からなる図形が得られる (図 **A.4**)．接続点を**節点** (node)，線分を**枝** (branch)，節点と枝からなる図形を**グラフ** (graph) という．グラフは，対応する回路の素子のつながり具合を与えている[†3]．この幾何学的性質を回路の**トポロジー** (topology) という．

得られたグラフにおいても，各枝に枝電流，枝電圧（枝の両端の節点間の電圧）を考えておく．枝の向きは，例えば素子電流に合わせて選んでおこう（図 **A.5** (a) 参照）．

[†1] 表 A.4 は国際単位系の呼び名である．ジーメンスは ohm を逆にした mho：モー ℧ とも呼ばれる．

[†2] 抵抗という単語は，素子としての抵抗器と，素子値としての抵抗値の両方の意味で，通常は区別せずに使用している．

[†3] どの素子と素子がどうつながっているか，という情報が素子の電圧と電流を決める．したがって，回路素子の接続情報，すなわちグラフから得られる情報は重要である．

(a) 回 路　　　　　　　　　(b) グラフ

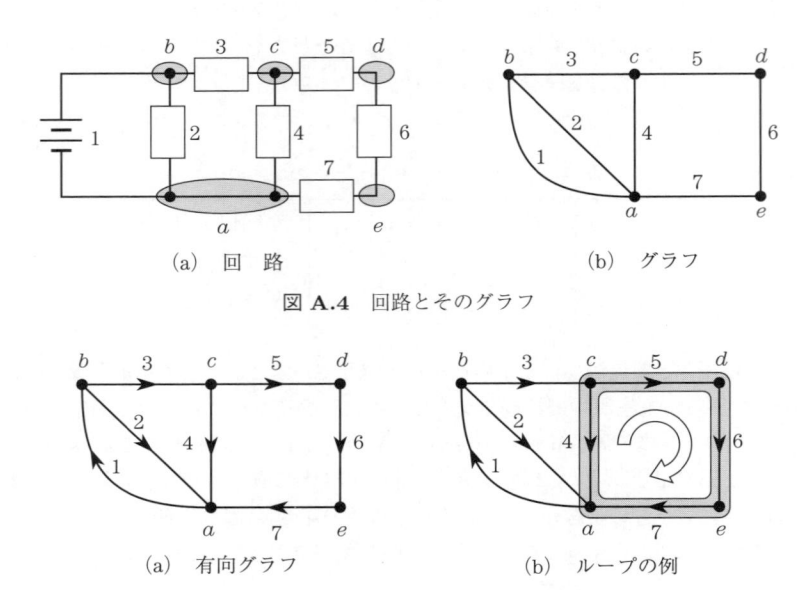

図 **A.4**　回路とそのグラフ

(a) 有向グラフ　　　　　　　(b) ループの例

図 **A.5**　有向グラフとループの例

枝に向きのついたグラフを**有向グラフ** (oriented graph) という。

　ある節点から，枝を次々と経由して節点をたどり，1 周して最初の節点に戻るとき，経由した枝の集合を**閉路**または**ループ** (loop) という。例えば，図 A.5 (b) における枝の集合 $\{4, 5, 6, 7\}$ はループである。ループにも，一巡する方向によって向きを与えておく。例えば，ループ $\{4, 5, 6, 7\}$ の向きを時計回りとすると，枝 $5, 6, 7$ は同じ向き，枝 4 は逆の向きとなる。このループと枝の向きの一致・不一致は，方程式を導出する際の変数の符号に反映される。

〔**2**〕　**キルヒホッフの電流則と電圧則**　　回路内の各節点において，節点に流入出する電流の総和は零に等しい。これを**キルヒホッフの電流則** (Kirchhoff's current law, 略して KCL) という。この法則は，各節点において電流が連続である，すなわち流出量だけ流入量があることをいい表したものである。例えば，**図 A.6** (a) の節点では，流出量 I_1, I_2，流入量 I_3, I_4 なので，次式が成り立つ。

$$I_1 + I_2 - I_3 - I_4 = 0 \tag{A.17}$$

　また，回路内の各ループにおいて，ループを一巡する電圧の総和は零に等しい。これを**キルヒホッフの電圧則** (Kirchhoff's voltage law, 略して KVL) という。例えば，

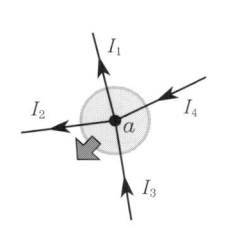

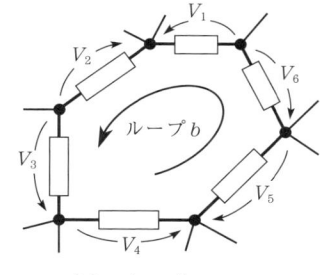

(a) 節点 a の KCL (b) ループ b の KVL

図 **A.6** 節点 a の KCL とループ b の KVL

図 A.6 (b) のループの場合，ループと同じ向きの電圧は $+$，逆向きの電圧は $-$ 符号となり

$$V_1 - V_2 + V_3 + V_4 - V_5 - V_6 = 0 \tag{A.18}$$

が成り立つ．

A.2.4 回路方程式とグラフ理論

〔1〕 **方程式の個数について**　　一つの回路に対し，関係した方程式はいくつ立てられるであろうか．この問題を簡単に見ておこう．素子数（グラフの枝数）が b 個，節点数が n 個の回路の場合，式の個数は次のようになる．

(1) b 個の各枝に対し，オームの法則あるいは電源の性質からそれぞれ一つの式が得られ，合わせて b 個となる．
(2) n 個の各節点に対する KCL から，電流に関する n 個の式が得られる．そのなかで，たがいに独立した式の個数は $n-1$ 個である．
(3) 回路内の各ループに対する KVL から，電圧に関する式が得られる．独立な式の個数は $b-n+1$ 個である．

以上より，式の総数は $b + (n-1) + (b-n+1) = 2b$ 個となる．

一方，式に用いる未知変数は，一つの枝につき枝電圧と枝電流の2個，すなわち変数は全部で $2b$ 個である．したがって，変数と式の個数が等しいので，これらの連立方程式は解くことができ，解はただ一つに決定される．

例題 A.2 図 A.7 (a) の回路において，抵抗 R を流れる電流 I を求めよ。

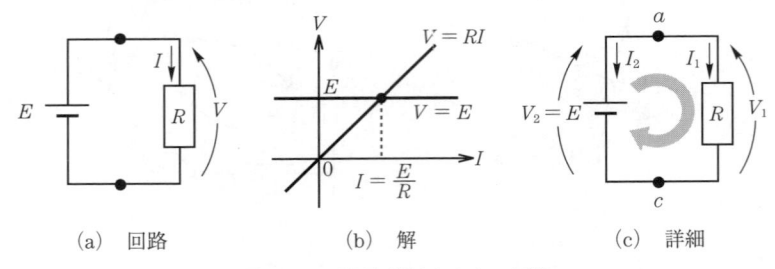

(a) 回路　　　　(b) 解　　　　(c) 詳細

図 **A.7** 電源と抵抗からなる回路

【解答】 電圧源 E が抵抗 R の両端に接続されているので，R にかかる電圧は E となる。したがってオームの法則は

$$E = RI \tag{A.19}$$

これより，抵抗を流れる電流 I は

$$I = E/R \tag{A.20}$$

と求まる。この電流は，電圧源を流れる電流でもある。

式 (A.20) の電流は，抵抗特性 $V = RI$ と電圧源 $V = E$ を連立させた連立方程式の解と考えられる。これを VI 平面上のグラフとして描くと図 (b) となり，2 直線の交点が解である式 (A.20) を与えている。

さて，以上でこの問題は解けたが，もう少し詳しく調べてみよう。この回路は，素子数 $b=2$，節点数 $n=2$ の回路である。

各素子の特性を表す二つの式は，同 (c) の電圧・電流を使って次式となる。

$$\text{抵抗：} V_1 = RI_1 \tag{A.21}$$

$$\text{電池：} V_2 = E \tag{A.22}$$

KCL は，節点 a において次式となる[†1]。

$$I_1 + I_2 = 0 \tag{A.23}$$

KVL は，ループが一つしかない[†2]ので，ループに沿った KVL は次式となる。

$$-V_1 + V_2 = 0 \tag{A.24}$$

[†1] 節点 c においても $-I_1-I_2=0$ が導かれるが，これは式 (A.23) の符号を変えた式である。すなわち，KCL からは $n-1=2-1=1$ 個の式が導かれることがわかる。

[†2] $b-n+1=2-2+1=1$ となって独立なループは確かに一つであることがわかる。

以上，$2b=4$ 個の変数を用いて，式 (A.21)〜(A.24) の四つの式を連立させると，先に求めた解を得る。このことから，最初の解法では，式 (A.21), (A.22) を式 (A.24) に代入して式 (A.19) を得たことがわかる。使わなかった式 (A.23) は，電池を流れる電流を与える。このように最初の解法は，変数を I_1 のみとし，1 変数の方程式としているところが賢い解き方である。　　　　　　　　　　◇

〔**2**〕　**グラフ理論**　さて，枝数 b，節点数 n 個の回路において
- n 個の節点から得られる KCL のうち，独立な式は $n-1$ 個
- 回路内のループから得られる KVL のうち，独立な式は $b-n+1$ 個

と述べた。例題 A.2 でもそれが成立していることを示した。この「独立な式の個数」はどこから出てきたのか。みなさんは不思議に思われたであろう。

以下では，グラフ理論と呼ばれる数学を紹介して，この疑問に答えよう。

まず，いくつかのグラフ用語を説明する。

列 (sequence)：ある節点からある節点まで連続的に接続された節点と枝を並べたもの。

径路 (path)：どの節点も枝も重複して現れないような列。

閉路 (loop)：列の最初の節点と最後の節点だけが同じで他は重複しない径路。

連結 (connected) グラフ：どの節点間にも径路があるグラフ。

カットセット (cut-set)：連結グラフからいくつかの枝を取り除くとグラフが非連結になるときの，取り除く枝集合（最小限の枝のみを含む）。

タイセット (tie-set)：閉路を構成する枝集合。

木 (tree)：グラフのすべての節点を連結し，かつタイセットを含まない枝集合。

補木 (cotree)：木に含まれない残りの枝すべての集合。

図 **A.8** の具体例を説明する。まず，このグラフは連結グラフである。グラフから枝集合 $\{1, 2, 3\}$ を取り除くと，節点 b が非連結になるため，$\{1, 2, 3\}$ はカットセットである。他にも $\{5, 7\}$ など，複数のカットセットが存在する。径路 $(a, 4, c, 5, d, 6, e, 7, a)$ は閉路であり，その枝集合 $\{4, 5, 6, 7\}$ はタイセットである。他にも $\{1, 3, 4\}$ など，タイセットも複数存在する。木の一例を図 **A.9** に示す。太線で描かれた枝集合が木

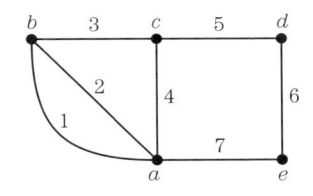

図 **A.8**　グラフの一例

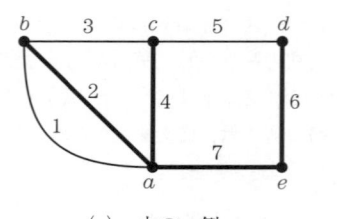

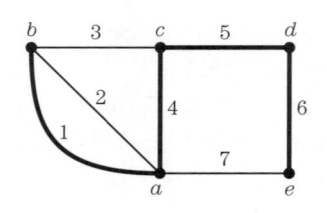

(a) 木の一例　　　　　(b) 一筆書きの木

図 A.9　木の一例と一筆書きの木

を構成し，残された枝が補木になる．例えば図 (a) の場合，木が $\{2,4,6,7\}$，補木が $\{1,3,5\}$ である．これら以外にも何種類かの木が考えられる．

n 個の節点と b 本の枝から構成された連結グラフを考える．このグラフの木の枝数は $n-1$ である．これを，最も単純な木（一筆書きの木；図 A.9(b)）で説明する．木はすべての節点を連結するものであるため，木枝で接続される節点は n 個ある．各節点に接続する木枝の数を見ると，一筆書きの始点と終点の節点は 1 本の枝，残り $n-2$ 個の節点は 2 本の枝が接続している．ところが枝はその両端の節点で 2 回数えられる．以上より，木の枝数は $\{1+2(n-2)+1\}/2 = n-1$ となる．枝は全部で b 本なので，木の枝数が $n-1$ であれば，補木の枝数は $b-(n-1) = b-n+1$ となる．木の枝数をグラフの**階数** (rank)，補木の枝数をグラフの**零度** (nullity) という．階数を ρ，零度を μ と記すと，連結グラフにおいては，次式が成り立つ．

$$\rho = n-1 \tag{A.25}$$

$$\mu = b-n+1 \tag{A.26}$$

グラフに 1 本の木を選ぶ．木はタイセットを含まない極大な枝集合であるから，木に補木枝を 1 本加えればタイセットができる．1 本の補木枝と木とによって決まるタイセットを**基本タイセット** (fundamental tieset) という．補木枝を 1 本指定すれば，1 個の基本タイセットが一意に決まる．図 A.10(a) の場合，補木枝 1，補木枝 3，補木枝 5 より，3 個の基本タイセット（図中の点線）が決まる．補木の枝数はグラフの零度 μ に等しいので，基本タイセットは μ 個ある．この μ 個の基本タイセットから得られる μ 個の方程式には無駄なものが含まれていない．すなわち，μ 個の方程式はたがいに独立である．なぜなら，基本タイセットを構成する補木枝は，他の基本タイセットに絶対含まれない．これは図からも明らかであろう．すなわち，その補木枝の変数を含む方程式はただ一つであり，これが独立な理由である．したがって，基本タイセットを用いて KVL を考えれば，μ 個の独立な式が得られる．

次に，補木に木枝を 1 本加えてみる．この場合はカットセットができることがわか

A.2　おためし回路論　125

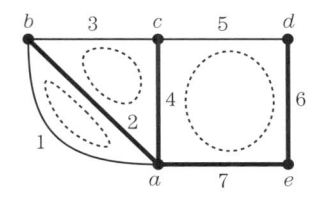

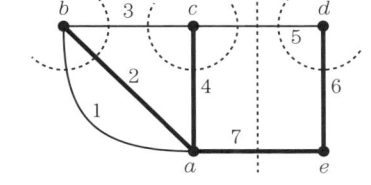

(a) 基本タイセット　　(b) 基本カットセット

図 A.10　基本タイセットと基本カットセット

る（図 A.10 (b)）。1 本の木枝と補木とによって決まるカットセットを**基本カットセット** (fundamental cutset) という。木の枝数はグラフの階数 ρ に等しいので，基本カットセットは ρ 個ある。この ρ 個の基本カットセットから得られる方程式もまたたがいに独立であり，基本カットセットを用いて KCL を考えれば，ρ 個の独立な式が得られる。

以上より，たがいに独立な式は，KVL：$\mu = b - n + 1$ 個，KCL：$\rho = n - 1$ 個となる。この木を用いた手順に従えば，必要数の独立な方程式が確実に得られる。

〔3〕**網目解析**　ループ電流と KVL を使って回路方程式を簡単に導出する方法がある。これを紹介しておこう。まず，**ループ電流** (loop current) を定義する。これは，単にループに沿って流れる電流である。ループ電流を仮定すると，任意の節点における KCL は自動的に満足され，ループに沿った KVL の方程式を求めるだけでよくなる。この解法は，**網目解析法** (mesh analysis) と呼ばれている[†]。手順を説明しよう。

例題 A.3　図 A.1 の回路に対し，ループ電流を使って回路方程式を導け。

【解答】　図 **A.11** 参照。
(1) たがいに独立なループを必要個数だけ選び，そのループ電流 I_1, I_2 を未知変数とする。独立なループは基本タイセットを用いればよい。
(2) 各枝の枝電流は，その枝を流れるループ電流の代数和で表せる。このことと抵抗特性を使って，各枝電圧をループ電流で表す。

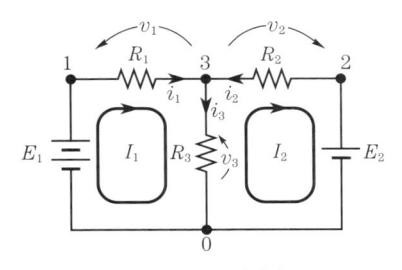

図 A.11　ループ電流 I_1, I_2

---

† ループと網目は同じ意味で使われており，ループ電流を**網目電流**と呼ぶこともある。

枝電流
$$\left.\begin{aligned} i_1 &= I_1 \\ i_2 &= -I_2 \\ i_3 &= I_1 - I_2 \end{aligned}\right\} \quad (A.27)$$

枝電圧
$$\left.\begin{aligned} v_1 &= R_1 i_1 = R_1 I_1 \\ v_2 &= R_2 i_2 = -R_2 I_2 \\ v_3 &= R_3 i_3 = R_3 (I_1 - I_2) \end{aligned}\right\} \quad (A.28)$$

(3) KVL を用いて，ループに沿った枝電圧の関係式を求める。

$$\left.\begin{aligned} \text{左ループより} \quad & E_1 - v_1 - v_3 = 0 \\ \text{右ループより} \quad & v_2 + v_3 - E_2 = 0 \end{aligned}\right\} \quad (A.29)$$

(4) (2) の枝電圧を (3) の KVL の式に代入すると，ループ電流を未知変数とした回路方程式が得られる。すなわち，式 (A.28) を式 (A.29) に代入して整理すると，次の回路方程式を得る。

$$\left.\begin{aligned} (R_1 + R_3) I_1 - R_3 I_2 &= E_1 \\ -R_3 I_1 + (R_2 + R_3) I_2 &= -E_2 \end{aligned}\right\} \quad (A.30)$$

(5) 得られたループ電流に関する連立方程式を解く。 ◇

A.2.5 回路の複素化——インピーダンス——

おためし回路論の本質は，素子の値に複素数を許すことである。このことを説明しよう。図 **A.12** の回路を考える。ここでは抵抗の値を複素数とする。この点だけがこれまでの回路と違っている。

いま，この複素抵抗を次式とする。

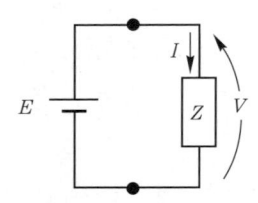

$$Z = R + jX \quad (A.31)$$

図 A.12 電源と複素抵抗からなる回路

これまで R と書いてきた抵抗を，改めて Z と書き，その実部を R，虚部を X と書いた。複素数の抵抗であることを明示する意味で，Z を**インピーダンス** (impedance) と呼ぶ。インピーダンスは，実部がこれまでの抵抗，虚部が「新しい何か」の抵抗を表している。虚部 X を**リアクタンス** (reactance) という。

とりあえず，このことによって何が変わるか見てみよう。計算は，これまでの実数と同じ計算が可能である。そこで，流れる電流は

$$E = ZI \quad (A.32)$$

を解いて，次式となる。

$$I = \frac{E}{Z} \tag{A.33}$$

もう少し計算してみよう。

$$I = \frac{E}{Z} = \frac{E}{R+jX} = \frac{E}{\sqrt{R^2+X^2}\,e^{j\phi}} = \frac{E}{\sqrt{R^2+X^2}}\,e^{-j\phi} \tag{A.34}$$

$$\text{ただし}\quad \left(\phi = \tan^{-1}\frac{X}{R}\right)$$

したがって当然であるが，電流にも実部と虚部が現れた。

インピーダンスの逆数 Y を定義しておこう。Y は**アドミタンス** (admittance) と呼ばれ，次式となる。

$$Y = \frac{1}{Z} = \frac{1}{R+jX} = \frac{R-jX}{R^2+X^2} = \frac{1}{\sqrt{R^2+X^2}}\,e^{-j\phi} \tag{A.35}$$

すると，式 (A.34) は，次式の単純な形に書ける。

$$I = YE \tag{A.36}$$

最後に，インピーダンスが具体的に通常の回路ではどう表されているのかを見ておこう。通常の回路では，回路素子を 3 種類考え，それぞれに**表 A.5** の呼び名をつけて区別している。ここで，抵抗は実数のときと同じである。**インダクタ（コイル）**と**キャパシタ（コンデンサ）**は，インピーダンスやアドミタンスがいずれも純虚数の素子として定義されている。また，これらのインピーダンスやアドミタンスに現れる ω は，交流回路に印加される正弦波電源の角周波数であり，いつも虚数単位 j と一緒に $j\omega$ の形で使用される。なお $R, L, C > 0$ である。

表 **A.5** 複素抵抗素子の分類

素子名	インピーダンス	アドミタンス	素子値の記法の例	
抵 抗	$Z = R$	$Y = G$	R [Ω, ohm]	抵抗
インダクタ	$Z = j\omega L$	$Y = \dfrac{1}{j\omega L}$	L [H, henry]	インダクタンス
キャパシタ	$Z = \dfrac{1}{j\omega C}$	$Y = j\omega C$	C [F, farad]	キャパシタンス

回路図では，図 **A.13** のシンボルを使って 3 種類の素子を区別している。

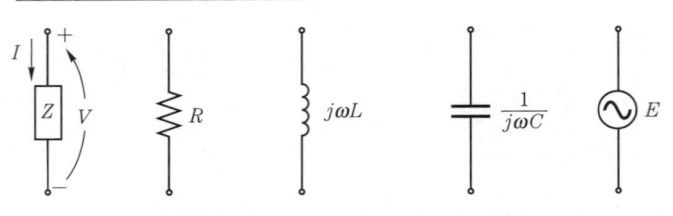

(a) 一般 (b) 抵抗 (c) インダクタ (d) キャパシタ (e) 電圧源

図 **A.13** インピーダンスと電圧源の回路図記号

例題 A.4 図 A.14 の回路において，抵抗 R を流れる電流を求めよ。

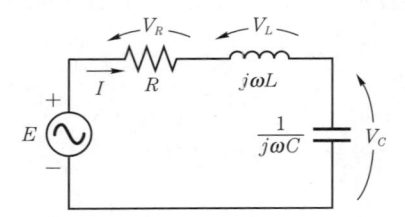

図 **A.14** 電源と RLC からなる回路

【解答】 図 A.13 のシンボルに対応するインピーダンスを書き込み，電流と電圧を図 A.14 のように定める。すると，各素子の電流電圧特性は次式となる。

$$V_R = RI, \quad V_L = j\omega L I, \quad V_C = \frac{1}{j\omega C}I$$

また，KVL より

$$E = V_R + V_L + V_C = RI + j\omega L I + \frac{1}{j\omega C}I = \left(R + j\omega L + \frac{1}{j\omega C}\right)I$$

したがって，流れる電流は次式となる。

$$\left. \begin{array}{c} I = \dfrac{E}{R + j\left(\omega L - \dfrac{1}{\omega C}\right)} = \dfrac{E e^{-j\phi}}{\sqrt{R^2 + \left(\omega L - \dfrac{1}{\omega C}\right)^2}} \\[2ex] \left(\phi = \tan^{-1} \dfrac{\omega L - \dfrac{1}{\omega C}}{R}\right) \end{array} \right\} \quad (A.37)$$

式 (A.37) は，$X = \omega L - \dfrac{1}{\omega C}$ とおくと，式 (A.34) に一致する。 ◇

例題 A.5 図 **A.15** の回路において，電流 I_L, I_C, I_G を求めよ。

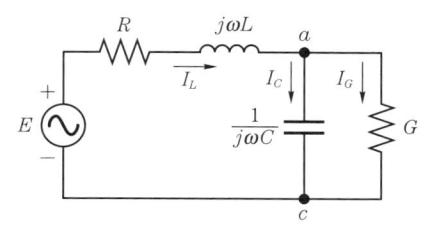

図 **A.15** 電源と $RLCG$ からなる回路

【解答】 節点 a の KCL より

$$I_L = I_C + I_G$$

左右二つのループの KVL より

$$(R + j\omega L)\,I_L + \frac{1}{j\omega C}I_C = E$$

$$\frac{1}{j\omega C}I_C = \frac{1}{G}I_G$$

これで，三つの電流に関する三つの回路方程式が得られた。これらの連立方程式を解けば I_L, I_C, I_G が求まる。解については，例題 3.1 を参照。 ◇

例題 A.6 インダクタとキャパシタのインピーダンスの式を導出せよ。

【解答】 交流回路に印加される正弦波電源として複素正弦波を用いると，素子の電圧と電流は次式で表現できる。

$$v(t) = V_m\,e^{j(\omega t + \phi)}, \quad i(t) = I_m\,e^{j(\omega t + \phi)}$$

インダクタ素子の特性式 (A.3) に代入すると

$$v(t) = L\frac{di(t)}{dt} \;\Rightarrow\; V_m\,e^{j(\omega t+\phi)} = L\frac{d}{dt}\left(I_m\,e^{j(\omega t+\phi)}\right)$$
$$\Rightarrow\; V_m\,e^{j(\omega t+\phi)} = L\,I_m\,j\omega\,e^{j(\omega t+\phi)}$$
$$\Rightarrow\; V_m = j\omega L\,I_m \;\Rightarrow\; \text{すなわち}\; Z = j\omega L$$

キャパシタ素子の特性式 (A.5) に代入すると

$$
\begin{aligned}
i(t) = C\frac{dv(t)}{dt} \quad &\Rightarrow \quad I_m\,e^{j(\omega t+\phi)} = C\frac{d}{dt}\left(V_m\,e^{j(\omega t+\phi)}\right) \\
&\Rightarrow \quad I_m\,e^{j(\omega t+\phi)} = CV_m\,j\omega\,e^{j(\omega t+\phi)} \\
&\Rightarrow \quad I_m = j\omega C\,V_m \\
&\Rightarrow \quad V_m = \frac{1}{j\omega C}I_m \quad \Rightarrow \quad \text{すなわち } Z = \frac{1}{j\omega C} \quad \diamond
\end{aligned}
$$

A.2.6 回路ドラマはスイッチから始まる

身の回りの電化製品と同様に，通常，電気回路にはスイッチがついていて，このスイッチが入ると回路が動作し始める。じつは，スイッチを入れた直後には，異常な状態が生じていて，しばらくすると正常な状態に落ち着き，望ましい動作となる。これは，電気回路一般についていえる性質である。

スイッチを入れた直後の異常な状態を**過渡状態** (transient state)，落ち着いた正常な状態を**定常状態** (steady state) と呼ぶ。普通の回路では，これら二つの状態が重ね合わされた状態で観測される。線形回路ではこの二つの状態を別々に計算し，足し合わせると回路の状態の全容が解明できる。この足し合わせは**重ね合せの理**と呼ばれ，2.4 節で述べた連立方程式に対する重ね合せの理と同じ考え方である。前節までに述べた電気回路に関する話はすべて，定常状態の解析手法であった。

〔1〕 回路ドラマの全容解明　　図 **A.16** の回路を用いて回路解析の全容を説明しよう。スイッチ SW を閉じる時刻を $t=0$ とし，インダクタ L_1, L_2 を流れる電流を i_1, i_2 として話を進める。

1）$t<0$：スイッチを開いた状態

インダクタ L_1, L_2 には電流は流れていない。これを初期状態という。

$$i_1(0) = 0, \quad i_2(0) = 0 \tag{A.38}$$

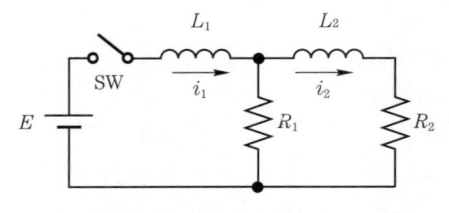

図 **A.16**　直流電源を加えた LR 回路

2) $t \geq 0$：スイッチを閉じた状態

$t = 0$ でスイッチ SW を閉じると，電源が接続され，回路に電流が流れ始める．$t \geq 0$ で成り立つ回路方程式は，左右二つのループの KVL から次式となる．ただし，インダクタ L_1, L_2 の電圧は，特性式 (A.3) をそのまま用いた．

$$\left. \begin{array}{l} L_1 \dfrac{di_1}{dt} + R_1(i_1 - i_2) = E \\ L_2 \dfrac{di_2}{dt} + R_2 i_2 = R_1(i_1 - i_2) \end{array} \right\} \tag{A.39}$$

これを整理し，ベクトル方程式として表すと

$$\begin{bmatrix} L_1 & 0 \\ 0 & L_2 \end{bmatrix} \frac{d}{dt} \begin{bmatrix} i_1 \\ i_2 \end{bmatrix} = \begin{bmatrix} -R_1 & R_1 \\ R_1 & -(R_1 + R_2) \end{bmatrix} \begin{bmatrix} i_1 \\ i_2 \end{bmatrix} + E \begin{bmatrix} 1 \\ 0 \end{bmatrix} \tag{A.40}$$

となる．変数 i_1, i_2 に無関係な右辺 E の項は**外力**と呼ばれる．

3) $t \to \infty$：定常状態

スイッチを閉じてから時間が十分経過した $t \to \infty$ での状態，すなわち定常状態では，直流電流が流れる．つまり，二つのインダクタは短絡された直流回路となる．この直流回路を解くと，次の電流が求められる．

$$\begin{bmatrix} I_1 \\ I_2 \end{bmatrix} = E \begin{bmatrix} 1/R_1 + 1/R_2 \\ 1/R_2 \end{bmatrix} \tag{A.41}$$

直流電流なので i_1, i_2 を I_1, I_2 と大文字で表した．この電流は，直流の性質 $di/dt = 0$ より，式 (A.40) の左辺を零として解くと求められる．つまり，式 (A.41) は，非同次方程式 (A.40) の特殊解となっている（5.2.2 項および例題 5.3 (1) 参照）．

さて，過渡状態を解明するため，非同次方程式 (A.40) の一般解を求めよう．このためには，外力を零とした同次方程式

$$\begin{bmatrix} L_1 & 0 \\ 0 & L_2 \end{bmatrix} \frac{d}{dt} \begin{bmatrix} i_1 \\ i_2 \end{bmatrix} = \begin{bmatrix} -R_1 & R_1 \\ R_1 & -(R_1 + R_2) \end{bmatrix} \begin{bmatrix} i_1 \\ i_2 \end{bmatrix} \tag{A.42}$$

の解が必要となる．ここで，解を指数関数

$$\begin{bmatrix} i_1 \\ i_2 \end{bmatrix} = e^{\lambda t} \begin{bmatrix} h_1 \\ h_2 \end{bmatrix}$$

と仮定し，λ と h_1, h_2 を求める．式 (A.42) に代入して整理すると

$$\begin{bmatrix} L_1 \lambda + R_1 & -R_1 \\ -R_1 & L_2 \lambda + R_1 + R_2 \end{bmatrix} \begin{bmatrix} h_1 \\ h_2 \end{bmatrix} = \begin{bmatrix} 0 \\ 0 \end{bmatrix}$$

この連立方程式が零以外の解 h_1, h_2 をもつためには

$$\begin{vmatrix} L_1\lambda + R_1 & -R_1 \\ -R_1 & L_2\lambda + R_1 + R_2 \end{vmatrix} = 0 \quad \text{より}$$

$$L_1 L_2 \lambda^2 + \{L_1 R_2 + (L_1 + L_2)R_1\}\lambda + R_1 R_2 = 0$$

この方程式の解を λ_1, λ_2 とし，固有ベクトルを計算すると

$$\lambda_1 \text{に対して} \begin{bmatrix} L_2\lambda_1 + R_1 + R_2 \\ R_1 \end{bmatrix}, \quad \lambda_2 \text{に対して} \begin{bmatrix} L_2\lambda_2 + R_1 + R_2 \\ R_1 \end{bmatrix}$$

これら二つの解を足し合わせると，同次方程式 (A.42) の一般解が得られる。

$$\begin{bmatrix} i_1 \\ i_2 \end{bmatrix} = k_1 e^{\lambda_1 t} \begin{bmatrix} L_2\lambda_1 + R_1 + R_2 \\ R_1 \end{bmatrix} + k_2 e^{\lambda_2 t} \begin{bmatrix} L_2\lambda_2 + R_1 + R_2 \\ R_1 \end{bmatrix} \quad \text{(A.43)}$$

ここに，k_1, k_2 は任意定数である。式 (A.43) は**過渡解**とも呼ばれ，この回路の過渡状態に対応する。$t \to \infty$ で零に収束することに注意しよう。

以上より，非同次方程式 (A.40) の一般解は，同次方程式の一般解 (A.43) と非同次方程式の特殊解 (A.41) を足し合わせた次式となる。

$$\begin{bmatrix} i_1 \\ i_2 \end{bmatrix} = k_1 e^{\lambda_1 t} \begin{bmatrix} L_2\lambda_1 + R_1 + R_2 \\ R_1 \end{bmatrix} + k_2 e^{\lambda_2 t} \begin{bmatrix} L_2\lambda_2 + R_1 + R_2 \\ R_1 \end{bmatrix}$$

$$+ E \begin{bmatrix} 1/R_1 + 1/R_2 \\ 1/R_2 \end{bmatrix} \quad \text{(A.44)}$$

スイッチ SW を閉じると，電流 i_1, i_2 は式 (A.44) に従って変化する。定数 k_1, k_2 は，初期状態 $i_1(0) = i_2(0) = 0$ を式 (A.44) に代入して解けば求まる。電流 i_1, i_2 の時間変化を図 **A.17** に示す。指数関数で表される式 (A.43) の過渡状態が時間経過とともに零に収束し，それにつれて電流が定常状態 I_1, I_2 に落ち着いていく様子がよくわかる。これが，スイッチで始まり一瞬に終わる回路ドラマ**過渡現象**である。

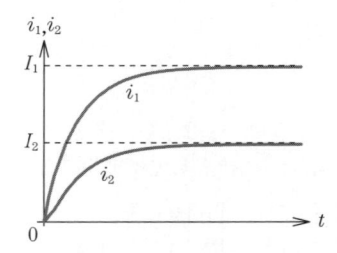

図 **A.17** 電流波形の時間変化

〔2〕 **ラプラス変換を用いた解法**　ラプラス変換を使って解いてみよう。5.5 節を参考に式 (A.39) をラプラス変換し，初期値 $i_1(0) = i_2(0) = 0$ を代入すると

$$\left.\begin{array}{l} sL_1 I_1 + R_1(I_1 - I_2) = E/s \\ sL_2 I_2 + R_2 I_2 = R_1(I_1 - I_2) \end{array}\right\} \quad \text{(A.45)}$$

この式を整理すると

$$\begin{bmatrix} sL_1 + R_1 & -R_1 \\ -R_1 & sL_2 + R_1 + R_2 \end{bmatrix} \begin{bmatrix} I_1 \\ I_2 \end{bmatrix} = \begin{bmatrix} E/s \\ 0 \end{bmatrix}$$

この連立方程式を解いて

$$\begin{bmatrix} I_1 \\ I_2 \end{bmatrix} = \frac{E}{L_1 L_2 \, s \, (s - \lambda_1)(s - \lambda_2)} \begin{bmatrix} sL_2 + R_1 + R_2 \\ R_1 \end{bmatrix}$$

これを部分分数展開すると

$$\begin{bmatrix} I_1(s) \\ I_2(s) \end{bmatrix} = \frac{E}{s} \begin{bmatrix} 1/R_1 + 1/R_2 \\ 1/R_2 \end{bmatrix}$$
$$+ \frac{E}{L_1 L_2 \lambda_1 (\lambda_1 - \lambda_2)(s - \lambda_1)} \begin{bmatrix} \lambda_1 L_2 + R_1 + R_2 \\ R_1 \end{bmatrix}$$
$$+ \frac{E}{L_1 L_2 \lambda_2 (\lambda_2 - \lambda_1)(s - \lambda_2)} \begin{bmatrix} \lambda_2 L_2 + R_1 + R_2 \\ R_1 \end{bmatrix}$$

この式を逆変換すると，次式の時間関数としての電流が得られる。

$$\begin{bmatrix} i_1(t) \\ i_2(t) \end{bmatrix} = E \begin{bmatrix} 1/R_1 + 1/R_2 \\ 1/R_2 \end{bmatrix}$$
$$+ \frac{E \, e^{\lambda_1 t}}{L_1 L_2 \lambda_1 (\lambda_1 - \lambda_2)} \begin{bmatrix} \lambda_1 L_2 + R_1 + R_2 \\ R_1 \end{bmatrix}$$
$$+ \frac{E \, e^{\lambda_2 t}}{L_1 L_2 \lambda_2 (\lambda_2 - \lambda_1)} \begin{bmatrix} \lambda_2 L_2 + R_1 + R_2 \\ R_1 \end{bmatrix} \quad \text{(A.46)}$$

これは直接微分方程式を解いた結果 (A.44) に一致する。

A.3　Excel VBA

便利なツールを紹介する。Excel[†]のVBA (Visual Basic for Applications) である。Excelは情報リテラシーなどの授業科目で「表計算やグラフ作成」のアプリケーションとして習ったであろう。そのExcelで「VBA」というプログラミング言語を用いて「マクロ」を記述し，本書の演習，電気回路演習，実験レポート作成などに活用しよう。

A.3.1　マクロの作成手順（解の公式）

例として，2次方程式の解を「解の公式」で求めるマクロの作成手順を示す。

(1) Excelを起動後，メニューバーの
　　［ツール］
　　［マクロ］
　　［Visual Basic Editor］
　　をクリックする。
　　（ Alt + F11 でショートカット ）

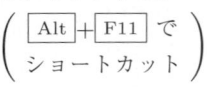

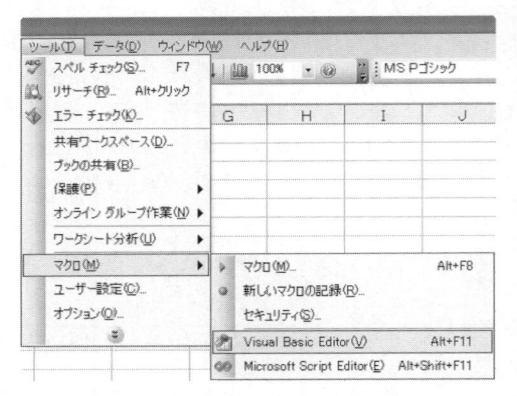

(2) VBEが起動するので，メニューの［ユーザーフォームの挿入］の▼をクリックし，［標準モジュール］をクリックする。

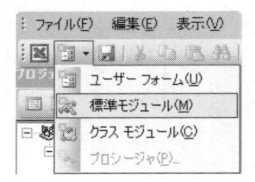

(3) VBAのプログラムを記述するウインドウが開く。まず，Sub 解の公式 Enter と入力する。すると，1行目右端の()とEnd Subが自動的に付加される。

[†] Excelは表計算ソフトであり，米国 Microsoft Corporation の登録商標である。本節の説明（メニューや図など）には，Microsoft Office Excel 2003 を使用した。

A.3　Excel VBA

この Sub と End Sub の間に VBA プログラムを書けば，マクロ「解の公式」が完成する．以下のプログラム†を入力しよう．

```
     Sub 解の公式 ()
 1       Range("A3:D3").Clear
 2       Range("A3:D3").HorizontalAlignment = xlCenter
 3       a = Range("A1")
 4       b = Range("B1")
 5       c = Range("C1")
 6       D = b * b - 4 * a * c
 7       If D > 0 Then
 8           Range("A3") = "実数解"
 9           Range("B3") = (-b) / (2 * a)
10           Range("C3") = "±"
11           Range("D3") = Sqr(D) / (2 * a)
12       ElseIf D = 0 Then
13           Range("A3") = "実数重解"
14           Range("B3") = (-b) / (2 * a)
15       Else
16           Range("A3") = "複素解"
17           Range("B3") = (-b) / (2 * a)
18           Range("C3") = "± i"
19           Range("D3") = Sqr(-D) / (2 * a)
20       End If
     End Sub
```

――――簡単な解説――――

1〜2　Excel のセル範囲 A3:D3 を消去し，センタリングの書式を設定．

3〜5　Excel のセルの値を変数に代入．
　　　セル A1 の値を変数 a に，B1 の値を変数 b に，C1 の値を変数 c に代入．

8〜11　逆に，変数の値を Excel のセルに書き込む．
　　　実数解という文字をセル A3 に，(-b)/(2*a) の計算結果をセル B3 に…

6　　判別式の計算．右辺の計算式の演算結果を左辺の変数 D に代入．

7,12　判別式の値に応じて処理を分岐．If 条件 Then 〜 Else 〜 は，
　　　条件が真ならば Then の後，そうでなければ Else の後の命令を実行．

(4) これでマクロの作成が終了したので，■［表示 Microsoft Excel］をクリックし，Excel 画面に戻る．

(5) セル A1, B1, C1 に，解を求めたい2次方程式 $ax^2+bx+c=0$ の係数 a, b, c を入力する．例えば「例題 1.2」の 2, -1, -3 を入力してみよう．

(6) メニューバーの［ツール］［マクロ］［マクロ］をクリックし（ Alt + F8 でショートカット），「解の公式」を選択し，［実行］をクリックする．

(7) すると，セル A3〜D3 に解が表示される．必要ならば，セル A1〜C1 に係数を再入力し，マクロを何度でも実行すればよい．

	A	B	C	D
1	2	-1	-3	
2				
3	実数解	0.25	±	1.25
4				

---

† より詳しい解説を必要とする場合は，Excel VBA 関連の書籍を参照してほしい．

A.3.2 グラフを描いてみよう

次に，2次関数のグラフを描くマクロをつくってみる．再度，手順 (1), (2) を行なうと，Module2 として新たなマクロを追加できる．以下のプログラムを入力しよう．

```
   Sub グラフ作成()
1      Range("A7:B99").Clear
2      Range("A7:B99").NumberFormatLocal = "0.0"
3      a = Range("A1"): b = Range("B1"): c = Range("C1")
4      i = 7
5      For x = Range("A5") To Range("B5") Step Range("C5")
6          Cells(i, "A") = x
7          Cells(i, "B") = a * x * x + b * x + c
8          i = i + 1
9      Next x
10     With ActiveSheet.ChartObjects.Add(150, 80, 500, 300).Chart
11         .HasLegend = False
12         .ChartType = xlXYScatterSmoothNoMarkers
13         .SetSourceData Sheets("Sheet1").Range("A7:B99")
14         .SeriesCollection(1).Border.Weight = xlMedium
15     End With
   End Sub
```

――― 簡単な解説 ―――

5〜9 | For 〜 To 〜 Step 〜 は，変数 x の値を，セル A5 の値からセル B5 の値までセル C5 の値の刻みで変化させて，Next までの命令を繰り返す．

6〜7 | Cells(i,"A") はセル Ai を意味し，そこに右辺の値を書き込む．
セル Bi には2次関数の計算値が書き込まれる．

10〜15 | セル範囲 A7:B99 に書き込まれた数値をグラフ化．

このマクロは，グラフの横軸「どこから，どこまで，何刻み」をセル A5〜C5 に入力して実行する．例えば，Excel 画面に戻り，セル A5〜C5 に -2, 2.5, 0.5 と入力してマクロ「グラフ作成」を実行すると，以下の実行結果が得られる．グラフから，軸との交点や頂点が視覚的に確認でき，解答の正誤が明白になる．

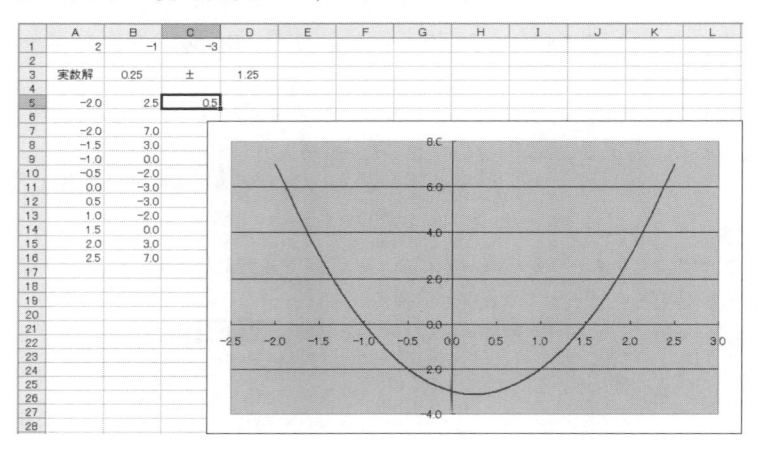

A.3.3　グラフの汎用マクロ（1 関数）

先の「グラフ作成」マクロでは，行 7 の右辺に 2 次関数の式を直接書いた。したがって，もし別の関数のグラフを描きたければ，マクロを修正しなければならない。そこで，Excel のセルに入力した数式を引用してグラフ描画できるマクロをつくろう。

```
   Sub グラフ描画 ()
1      Range("A3:B999").Clear
2      Range("A3:B999").NumberFormatLocal = "0.000"
3      i = 3
4      For x = Range("A1") To Range("B1") Step Range("C1")
5          Cells(i, "A") = x
6          Cells(i, "B").FormulaR1C1 = Range("B2").FormulaR1C1
7          i = i + 1
8      Next x
9      With ActiveSheet.ChartObjects.Add(150, 27, 500, 300).Chart
10         .HasLegend = False
11         .ChartType = xlXYScatterSmoothNoMarkers
12         .SetSourceData Sheets("Sheet1").Range("A3:B999")
13         .SeriesCollection(1).Border.Weight = xlMedium
14     End With
   End Sub
```

行 6 でセル B2 に入力された数式を引用している。Excel 画面に戻り，セル B2 に数式 =(A2)^4-4*(A2)^3+9 を入力しよう。この式は，演習問題 1.4.7 (2) の $y=x^4-4x^3+9$ を，セル A2 の関数として Excel の演算子を用いて記述したものである。セル A1〜C1 に横軸の値 -2, 4.5, 0.5 を入力してマクロを実行すれば下図が得られる。グラフより，$x=0$ で $y'=0$ にもかかわらず，極値ではないことがよくわかる。

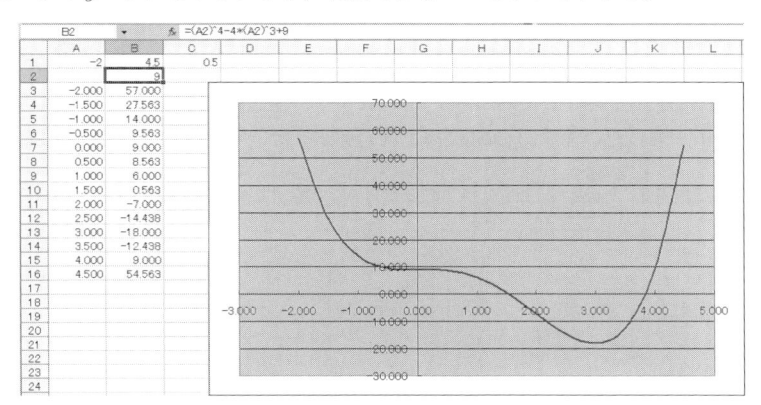

このように，グラフ化したい関数をセル B2 に Excel の数式として入力し，マクロを実行するだけでよい。Excel の数式には，四則演算（+ - * /）以外に，指数関数 EXP()，平方根 SQRT()，自然対数 LN()，三角関数 SIN(), COS(), TAN()，階乗 FACT() などの算術関数も使用できる。いろいろ試してみよう。

A.3.4 グラフの汎用マクロ（2関数）

次に，二つの関数を一つのグラフに描くマクロをつくろう．

```
    Sub グラフ描画 2 関数 ()
1       Range("A3:C999").Clear
2       Range("A3:C999").NumberFormatLocal = "0.000"
3       i = 3
4       For x = Range("A1") To Range("B1") Step Range("C1")
5           Cells(i, "A") = x
6           Cells(i, "B").FormulaR1C1 = Range("B2").FormulaR1C1
7           Cells(i, "C").FormulaR1C1 = Range("C2").FormulaR1C1
8           i = i + 1
9       Next x
10      With ActiveSheet.ChartObjects.Add(170, 27, 500, 300).Chart
11          .HasLegend = False
12          .ChartType = xlXYScatterSmoothNoMarkers
13          .SetSourceData Sheets("Sheet1").Range("A3:C999")
14          .SeriesCollection(1).Border.Weight = xlMedium
15          With .SeriesCollection(2)
16              .Border.LineStyle = xlNone
17              .MarkerStyle = xlCircle
18              .MarkerForegroundColorIndex = 3
19              .MarkerBackgroundColorIndex = 3
20              .MarkerSize = 4
21          End With
22      End With
    End Sub
```

――――簡単な解説――――

6,7　　セル B2 に書かれた数式，セル C2 に書かれた数式を引用．
15〜21　グラフ線 2 を選択．線を消し，代わりにマーカーの種類・色・サイズを指定．

二つの関数は，セル B2 と C2 に入力する数式で指定する．Excel 画面に戻り，セル B2 に =SIN(A2) を，セル C2 に =COS(2*A2) を，セル A1〜C1 に横軸の値 0, 6.28, 0.0628 を入力して実行してみよう．この数式は，演習問題 1.33 (2) から引用した．グラフより，求めたい面積（曲線に挟まれた領域）がどこなのか一目瞭然になる．

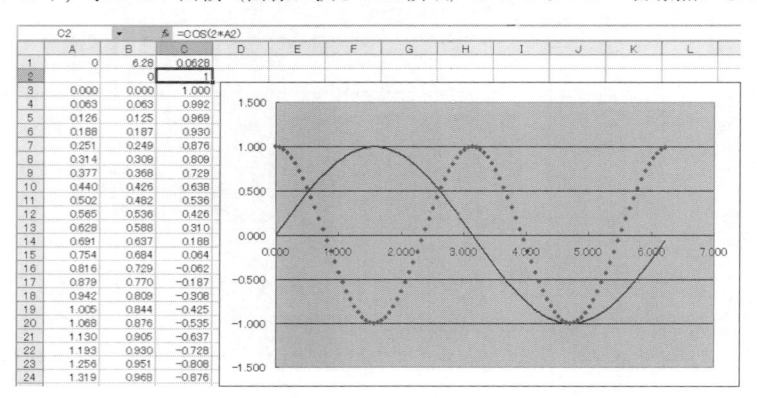

次に，セル B2 はそのままにし，セル C2 に =A2-A2^3/FACT(3)+A2^5/FACT(5) を入力してみよう．この数式は見覚えがあるはずだ．sin 関数のベキ級数展開（演習問題 3.7）の第 3 項までの式である．横軸を 0, 4, 0.1 としてマクロを実行してみると，ベキ級数展開は少ない項だけではあまり近似できていないことがわかる．

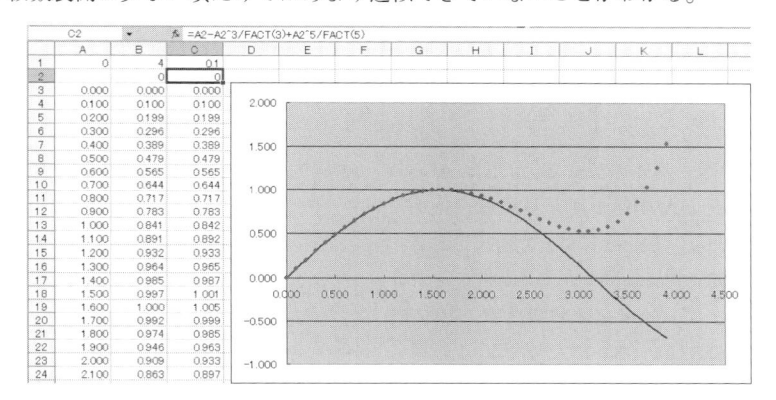

このように，理論値と近似値を比較するグラフは，理論値は実線で，近似値はマーカーのみという形式が見やすい．実験科目の授業が始まれば，理論値と測定値を比較するグラフを描く機会が頻繁に出てくる．セル B2, C2 に理論式を入力してマクロを実行後，セル C3, C4, C5, · · · に測定値を直接入力すれば，同様のグラフが簡単に描ける．軸を対数目盛に変更することも手軽にできる．うまく活用してほしい．

さて，これまでのグラフは，A 列の値を横軸にとり，B 列 C 列の値を縦軸にとって描いていた．次は，B 列の値を横軸に，C 列の値を縦軸にとってグラフを描いてみよう．マクロの修正は，行 13 のデータ範囲 A3:C999 を B3:C999 に変更し，行 15〜21 を削除するだけでよい．

セル B2 に =COS(A2) を，C2 に =COS(A2*5/3-3.14/2) を入力し，横軸を 1.5, 20.5, 0.15 としてマクロを実行すると右図が得られる．この図形は「リサジュー」と呼ばれている．

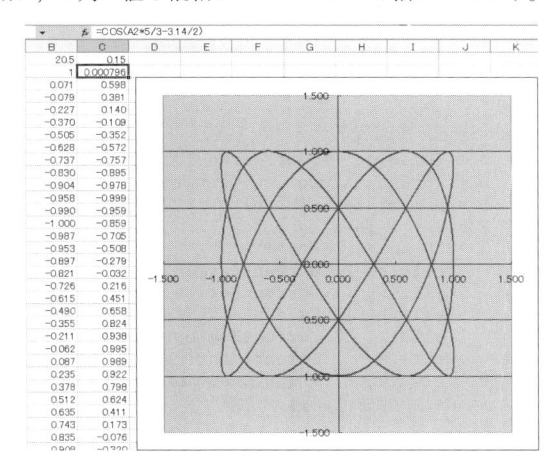

A.3.5 連立方程式

連立 1 次方程式の解法として，2.2 節に (1) クラーメルの公式，(2) 逆行列を用いる手法を述べた．それらの計算を Excel で行ってみよう．

例題 2.1 の 3 元連立方程式を例に，数値を Excel に入力したところから始める．

$$\mathbf{A}\mathbf{x} = \mathbf{b} \ : \ \begin{bmatrix} 1 & 1 & 3 \\ 4 & 5 & 2 \\ 5 & 2 & 3 \end{bmatrix} \begin{bmatrix} x \\ y \\ z \end{bmatrix} = \begin{bmatrix} 6 \\ 3 \\ 9 \end{bmatrix} \Rightarrow$$

(1) クラーメルの公式は，分母は $\mathbf{A}$ の行列式，分子は $\mathbf{A}$ の第 i 列を $\mathbf{b}$ に置き換えた行列式である．Excel には，行列式を計算する関数 MDETERM(範囲) があるので，それを用いる．まず，分母を求めるため，セル E5 に =MDETERM(A1:C3) と入力する（1 段目の図）．セルの範囲を示す A1:C3 は，そのまま入力しても構わないが，マウスでセル A1 から C3 をドラッグするのがらくであろう．x の分子には $\mathbf{A}$ の第 1 列を $\mathbf{b}$ に置き換えた行列が必要なので，それをセル A7〜C9 につくったあと，セル E7 に =MDETERM(A7:C9)/E5 と入力すれば解を得る（2 段目および 3 段目の図）．y, z も同様の手順で求めればよい．

これら一連の操作を行うマクロを以下に示す．このマクロは 3 元だけに限らず，何元の場合でも動作する．

```
Sub 連立方程式をクラーメルで ()
    n = Cells(1, 1).CurrentRegion.Rows.Count
    d = WorksheetFunction.MDeterm(Cells(1,1).CurrentRegion)
    b = n + 2: Cells(b, b) = d: Cells(b, b - 1) = "△"
    For i = 1 To n
        k = (n + 1) * i + 3
        Cells(k, 1).CurrentRegion.Clear
        Cells(1, 1).CurrentRegion.Copy
        Cells(k, 1).Select: ActiveSheet.Paste
        Cells(1, b).CurrentRegion.Copy
        Cells(k, i).Select: ActiveSheet.Paste
        Cells(k, b) = WorksheetFunction.MDeterm(Cells(k,1).CurrentRegion) / d
        Cells(k, b - 1) = "解"
    Next
End Sub
```

(2) 逆行列を用いる方法は，$\mathbf{x}=\mathbf{A}^{-1}\mathbf{b}$ より，逆行列を求める演算と，行列の積を求める演算を必要とする。これらも Excel に用意されているので，その MINVERSE(範囲) と MMULT(範囲1，範囲2) を用いよう。

まず，逆行列を求めるため，セルの範囲 A6～C8 を選択し，=MINVERSE(A1:C3) と入力して Ctrl + Shift + Enter を押す。ここで，Enter を押すだけではダメなことに気をつけよう。これは，選択した範囲のセルすべてに，入力した数式を代入するための操作になる（1段目の図）。次に，行列の積の演算を行なうため，セル E6～E8 を選択し，=MMULT(A6:C8,E1:E3) と入力して Ctrl + Shift + Enter を押す（2段目の図）。

意外と簡単な作業に驚かれるかもしれないが，以上二つの操作だけで連立方程式の解が得られる（3段目の図）。マクロを以下に示す。

```
Sub 連立方程式を逆行列で ()
    n = Cells(1, 1).CurrentRegion.Rows.Count
    b = n + 2: k = n + 3
    Cells(k, 1).CurrentRegion.Clear
    Cells(1, 1).CurrentRegion.Copy
    Cells(k, 1).Select: ActiveSheet.Paste
    Cells(k, 1).CurrentRegion.FormulaArray = _
            WorksheetFunction.MInverse(Cells(1, 1).CurrentRegion)
    Cells(k, b).CurrentRegion.Clear
    Cells(1, b).CurrentRegion.Copy
    Cells(k, b).Select: ActiveSheet.Paste
    Cells(k, b).CurrentRegion.FormulaArray = _
            WorksheetFunction.MMult(Cells(k, 1).CurrentRegion, _
                                    Cells(1, b).CurrentRegion)
    Cells(b, 1) = "A-1"
    Cells(b, 1).Characters(Start:=2, Length:=2).Font.Superscript = True
    Cells(b, b) = "A-1b"
    Cells(b, b).Characters(Start:=2, Length:=2).Font.Superscript = True
End Sub
```

このマクロも「クラーメル」同様，係数行列が何元の場合でも動作する。それは，各マクロ1行目の CurrentRegion.Rows.Count で，行列 $\mathbf{A}$ のサイズを取得し，それに応じた作業を行なっているからである。ただし，CurrentRegion は連続する非空欄領域を示すため，右図に示したセル（行列 $\mathbf{A}$ と $\mathbf{b}$ に隣接する行と列）を空欄にしておく必要がある。

A.3.6 複素数

Excel には，表 A.6 のように複素数を扱える関数もいくつか用意されている[†]。

表 A.6 複素数を扱える Excel の関数

	関数名	関数が返してくれる値
複素数	COMPLEX(a,b)	a を実部，b を虚部とする複素数 a+bi
実部	IMREAL(c)	複素数 c の実部
虚部	IMAGINARY(c)	複素数 c の虚部
絶対値	IMABS(c)	複素数 c の絶対値
偏角	IMARGUMENT(c)	複素数 c の偏角（ラジアン）
共役	IMCONJUGATE(c)	複素数 c の共役複素数
加算	IMSUM(c1,c2,…)	加算結果 c1 + c2 + …
減算	IMSUB(c1,c2)	減算結果 c1 - c2
乗算	IMPRODUCT(c1,c2,…)	乗算結果 c1 * c2 * …
除算	IMDIV(c1,c2)	除算結果 c1 / c2
ベキ乗	IMPOWER(c,n)	複素数 c の n 乗 c^n
平方根	IMSQRT(c)	複素数 c の平方根 $\sqrt{c}$
指数	IMEXP(c)	複素数 c の指数関数 e^c
対数	IMLN(c)	複素数 c の自然対数 $\log_e c$
	IMLOG10(c)	複素数 c の底 10 の対数 $\log_{10} c$
	IMLOG2(c)	複素数 c の底 2 の対数 $\log_2 c$
三角	IMSIN(c)	複素数 c の正弦関数 $\sin c$
	IMCOS(c)	複素数 c の余弦関数 $\cos c$

例えば，3 章の演習問題など，計算したい複素数の式があれば

$5+j5$ の偏角 → =IMARGUMENT(COMPLEX(5,5))

$(2+3j)-(5-2j)$ → =IMSUB(COMPLEX(2,3),COMPLEX(5,-2))

$\dfrac{3-2j}{3+2j}$ → =IMDIV(COMPLEX(3,-2),COMPLEX(3,2))

$(1+j)^3$ → =IMPOWER(COMPLEX(1,1),3)

などと，セルに入力すればよい。

次に，複素数を要素に含む行列の逆行列を求めてみよう。先に，逆行列 MINVERSE() という関数を用いたが，これは実数しか扱えない。そこで，**ガウスの消去法**に複素数の四則演算を組み合わせてつくろう。ガウスの消去法を簡単に説明すると

① 逆行列を求めたい n 次行列に，n 次単位行列を付け足した $n \times 2n$ 行列を考える。
② 行の定数倍と減算を用いて，n 次行列の部分が単位行列になるように変形する。
③ ①と②より，付け足した部分が逆行列になっている。

[†] Excel に複素数の関数を入力しても #NAME? エラーになる場合は，メニューバーの［ツール］［アドイン］の［分析ツール］を組み込む必要がある。

A.3 Excel VBA

例えば，右図の 2 次行列 A1:B2 の逆行列を求めるには，A4:D5 のように単位行列を付け足した 2×4 行列を考える．まず，行 4 を 1+i で割る（2 段目の図）．それを -1.5i 倍して行 5 から減算すれば，A4,A5 が 1,0 になる（3 段目の図）．同様の考え方を A4:B5 が単位行列になるまで繰り返せば，C4:D5 の部分に逆行列が得られる（4 段目の図）．

	A	B	C	D
1	1+i	-2i		
2	-1.5i	1-i		
3				
4	1+i	-2i	1	0
5	-1.5i	1-i	0	1

	A	B	C	D
4	1	-1-i	0.5-0.5i	0
5	-1.5i	1-i	0	1

	A	B	C	D
4	1	-1-i	0.5-0.5i	0
5	0	2.5-2.5i	0.75+0.75i	1

	A	B	C	D
4	1	0	0.2-0.2i	0.4i
5	0	1	0.3i	0.2+0.2i

ガウスの消去法のマクロを以下に示す．

```
Sub 逆行列をガウスの消去法で()
   n = Cells(1, 1).CurrentRegion.Rows.Count
   m = n + 2
   Cells(m, 1).CurrentRegion.Clear
   Cells(1, 1).CurrentRegion.Copy
   Cells(m, 1).Select: ActiveSheet.Paste
   m = m - 1
   For i = 1 To n
      For j = 1 To n
         v = 0: If i = j Then v = 1
         Cells(m + i, n + j) = v
      Next
   Next
   For i = 1 To n
      d = Cells(m + i, i)
      For j = 1 To n * 2
         Cells(m + i, j) _
            = "=IMDIV(""" & Cells(m + i, j) & """,""" & d & """)"
      Next
      For k = 1 To n
         If k <> i Then
         d = Cells(m + k, i)
         For j = 1 To n * 2
            Cells(m + k, j) _
               = "=IMSUB(""" & Cells(m + k, j) _
               & """,IMPRODUCT(""" & Cells(m + i, j) & """,""" & d & """))"
         Next
         End If
      Next
   Next
End Sub
```

ダブルクォーテーション 3 個 ⇓

このマクロも，先のマクロ同様 CurrentRegion.Rows.Count を用い，行列が何元の場合でも動作するようにした．また，マクロの中で用いた複素数の演算は，実部だけでも構わない，言い換えれば，行列の要素が実数だけでも動作する．係数に複素数を含む連立 1 次方程式の解を求めたければ，$\mathbf{x}=\mathbf{A}^{-1}\mathbf{b}$ より，C4:D5 に得られた逆行列と行列 $\mathbf{b}$ の積を IMPRODUCT() と IMSUM() を用いて記述すればよい．このマクロ化は各自の演習として考えてほしい（解答：演習問題解答（p.162））．

A.4 公式あれこれ

A.4.1 公 式 集

表 A.7〜A.16 に電気回路を学ぶ上で必要と思われる公式をまとめた。

表 A.7 連立方程式

2元の場合	$\begin{array}{l} a_{11}x_1 + a_{12}x_2 = b_1 \\ a_{21}x_1 + a_{22}x_2 = b_2 \end{array}$	$\Leftrightarrow \begin{bmatrix} a_{11} & a_{12} \\ a_{21} & a_{22} \end{bmatrix} \begin{bmatrix} x_1 \\ x_2 \end{bmatrix} = \begin{bmatrix} b_1 \\ b_2 \end{bmatrix}$
代入法	例えば，1式を $x_1=$ に変形し，それを2式に代入して x_1 を消去し，x_2 だけを含む式にして解く方法	
加減法	例えば，1式を a_{21} 倍，2式を a_{11} 倍し，その両者を減算して x_1 を消去し，x_2 だけを含む式にして解く方法	
クラーメルの公式	係数行列 $\mathbf{A}$ の行列式：$\det \mathbf{A} = \begin{vmatrix} a_{11} & a_{12} \\ a_{21} & a_{22} \end{vmatrix} = a_{11}a_{22} - a_{12}a_{21}$ $x_1 = \dfrac{1}{\det \mathbf{A}} \begin{vmatrix} b_1 & a_{12} \\ b_2 & a_{22} \end{vmatrix},\ x_2 = \dfrac{1}{\det \mathbf{A}} \begin{vmatrix} a_{11} & b_1 \\ a_{21} & b_2 \end{vmatrix}$	
逆行列	$\begin{bmatrix} x_1 \\ x_2 \end{bmatrix} = \mathbf{A}^{-1} \begin{bmatrix} b_1 \\ b_2 \end{bmatrix} = \dfrac{1}{\det \mathbf{A}} \begin{bmatrix} a_{22} & -a_{12} \\ -a_{21} & a_{11} \end{bmatrix} \begin{bmatrix} b_1 \\ b_2 \end{bmatrix}$	

表 A.8 2次方程式

$y = a(x-p)^2 + q$	頂点 (p, q)，軸 $x = p$ 軸を中心に左右対称，$a > 0$：下に凸，$a < 0$：上に凸
$a(x-\alpha)(x-\beta) = 0$	因数分解：解 α, β 解と係数の関係：$= a\{x^2 - (\alpha+\beta)x + \alpha\beta\}$
$ax^2 + bx + c = 0$	解の公式：$x = \dfrac{-b \pm \sqrt{b^2 - 4ac}}{2a}$ 判別式：$D = b^2 - 4ac$，$D > 0$：異なる2実解 $D = 0$：重解 $D < 0$：共役複素解

A.4 公式あれこれ

表 A.9 三角関数

定　義	正弦：$\sin\theta = \dfrac{y}{r}$, 余弦：$\cos\theta = \dfrac{x}{r}$, 正接：$\tan\theta = \dfrac{y}{x}$ ただし $r = \sqrt{x^2+y^2}$,　　θ の単位：π〔ラジアン〕$= 180°$ $\dfrac{1}{\sin\theta} = \csc\theta,\ \dfrac{1}{\cos\theta} = \sec\theta,\ \dfrac{1}{\tan\theta} = \cot\theta$
周期性	$\sin(\theta+2n\pi) = \sin\theta,\ \cos(\theta+2n\pi) = \cos\theta,\ \tan(\theta+n\pi) = \tan\theta$
対称性	$\sin(-\theta) = -\sin\theta,\ \cos(-\theta) = \cos\theta,\ \tan(-\theta) = -\tan\theta$
相互関係	$\tan\theta = \dfrac{\sin\theta}{\cos\theta},\ \cos\theta = \sin\left(\theta+\dfrac{\pi}{2}\right),\ \sin^2\theta + \cos^2\theta = 1$
加法定理	$\sin(\alpha+\beta) = \sin\alpha\cos\beta + \cos\alpha\sin\beta$ $\sin(\alpha-\beta) = \sin\alpha\cos\beta - \cos\alpha\sin\beta$ $\cos(\alpha+\beta) = \cos\alpha\cos\beta - \sin\alpha\sin\beta$ $\cos(\alpha-\beta) = \cos\alpha\cos\beta + \sin\alpha\sin\beta$ $\tan(\alpha+\beta) = \dfrac{\tan\alpha + \tan\beta}{1 - \tan\alpha\tan\beta},\ \tan(\alpha-\beta) = \dfrac{\tan\alpha - \tan\beta}{1 + \tan\alpha\tan\beta}$
2倍角の公式	$\sin 2\alpha = 2\sin\alpha\cos\alpha$ $\cos 2\alpha = \cos^2\alpha - \sin^2\alpha = 1 - 2\sin^2\alpha = 2\cos^2\alpha - 1$ $\tan 2\alpha = \dfrac{2\tan\alpha}{1 - \tan^2\alpha}$
半角の公式	$\sin^2\dfrac{\alpha}{2} = \dfrac{1-\cos\alpha}{2},\ \cos^2\dfrac{\alpha}{2} = \dfrac{1+\cos\alpha}{2},\ \tan^2\dfrac{\alpha}{2} = \dfrac{1-\cos\alpha}{1+\cos\alpha}$
合　成	$a\sin\theta + b\cos\theta = \sqrt{a^2+b^2}\ \sin(\theta + \phi)$ $a\cos\theta + b\sin\theta = \sqrt{a^2+b^2}\ \cos(\theta - \phi)$ ただし $\cos\phi = \dfrac{a}{\sqrt{a^2+b^2}},\ \sin\phi = \dfrac{b}{\sqrt{a^2+b^2}},\ \tan\phi = \dfrac{b}{a}$ 　　　$\tan\phi = A$ のとき $\phi = \tan^{-1}A$（arc-tan A と読む）
双曲線関数	$\cosh\theta = \cos(j\theta) = \dfrac{e^\theta + e^{-\theta}}{2},\ \ \sinh\theta = \dfrac{\sin(j\theta)}{j} = \dfrac{e^\theta - e^{-\theta}}{2}$ $\cosh(j\theta) = \cos\theta,\ \ \sinh(j\theta) = j\sin\theta,\ \ \cosh^2\theta - \sinh^2\theta = 1$ $\cosh(j\theta) + \sinh(j\theta) = \cos\theta + j\sin\theta = e^{j\theta}$ 　（hyperbolic-cos, -sin と読む）

表 A.10 微 分 法

導関数の定義	$f'(x) = \lim_{h \to 0} \dfrac{f(x+h) - f(x)}{h}$ （求められない $\Rightarrow$ 不連続）

定数 k	$y = k \cdot f(x)$	$\Rightarrow \quad y' = k \cdot f'(x)$
和差	$y = f(x) \pm g(x)$	$\Rightarrow \quad y' = f'(x) \pm g'(x)$
積	$y = f(x)\, g(x)$	$\Rightarrow \quad y' = f'(x)\, g(x) + f(x)\, g'(x)$
商	$y = \dfrac{f(x)}{g(x)}$	$\Rightarrow \quad y' = \dfrac{f'(x)\, g(x) - f(x)\, g'(x)}{\{g(x)\}^2}$
特に	$y = \dfrac{1}{g(x)}$	$\Rightarrow \quad y' = -\dfrac{g'(x)}{\{g(x)\}^2}$
合成関数	$y = f(g(x))$	$\Rightarrow \quad u = g(x)$ とおけば $y = f(u)$ なので $\dfrac{dy}{dx} = \dfrac{dy}{du} \cdot \dfrac{du}{dx}$
媒介変数	$\left. \begin{array}{l} x = f(t) \\ y = g(t) \end{array} \right\}$	$\Rightarrow \quad \dfrac{dy}{dx} = \dfrac{\frac{dy}{dt}}{\frac{dx}{dt}} = \dfrac{g'(t)}{f'(t)}$

おもな関数の微分	$(x^n)' = n\, x^{n-1}$ $(\sin x)' = \cos x \qquad (\cos x)' = -\sin x \qquad (\tan x)' = \dfrac{1}{\cos^2 x}$ $(e^x)' = e^x \qquad\qquad (a^x)' = a^x \log a$ $(\log x)' = \dfrac{1}{x} \qquad\; (\log_a x)' = \dfrac{1}{x \log a}$
第 n 次導関数	2 回微分：y'', $f''(x)$, $\dfrac{d^2 y}{dx^2}$, $\dfrac{d^2 f(x)}{dx^2}$ n 回微分：$y^{(n)}$, $f^{(n)}(x)$, $\dfrac{d^n y}{dx^n}$, $\dfrac{d^n f(x)}{dx^n}$ と記述
偏微分	$f(x_1, x_2)$ の x_2 を定数扱いし x_1 で微分：$\dfrac{\partial f}{\partial x_1}$ と記述
接線・法線	$x = a$ における接線：$y - f(a) = f'(a)\,(x - a)$ $x = a$ における法線：$y - f(a) = -\dfrac{1}{f'(a)}\,(x - a)$
極大・極小	$f'(a) = 0$ で，前後が ↗ a ↘ なら極大，↘ a ↗ なら極小 あるいは，$f''(a) < 0$ なら極大，$f''(a) > 0$ なら極小

表 **A.11** 積 分 法

不定積分	$\int f(x)\,dx = F(x) + C$ （$F'(x) = f(x)$, C：積分定数）
定数 k	$\int k \cdot f(x)\,dx = k \int f(x)\,dx$
和差	$\int \{f(x) \pm g(x)\}\,dx = \int f(x)\,dx \pm \int g(x)\,dx$
置換積分	$\int f(g(x))\,g'(x)\,dx = \int f(u)\,du$ 　ここで $u = g(x)$
部分積分	$\int f(x)\,g'(x)\,dx = f(x)\,g(x) - \int f'(x)\,g(x)\,dx$
おもな関数の不定積分	$\int x^n\,dx = \dfrac{1}{n+1}\,x^{n+1} + C$ 　（ただし $n \neq -1$） $\int \sin x\,dx = -\cos x + C$ 　　$\int \cos x\,dx = \sin x + C$ $\int \dfrac{1}{\cos^2 x}\,dx = \tan x + C$ 　　$\int e^x\,dx = e^x + C$ $\int a^x\,dx = \dfrac{a^x}{\log a} + C$ 　　$\int \dfrac{1}{x}\,dx = \log|x| + C$
定積分	$\int_a^b f(x)\,dx = \Bigl[F(x) \Bigr]_a^b = F(b) - F(a)$ （$a < b$：積分区間） 区間 $[a, b]$ で $f(x) \geqq 0$ ならば，$y = f(x)$ と x 軸に囲まれた領域の区間 $[a, b]$ の面積に等しい
曲線間の面積	区間 $[a, b]$ で $f(x) \geqq g(x)$ ならば，曲線 $f(x)$ と $g(x)$ に囲まれた領域の区間 $[a, b]$ の面積 $S = \int_a^b \{f(x) - g(x)\}\,dx$
立体の体積	断面積 $S(x)$ の立体：区間 $[a, b]$ の体積 $V = \int_a^b S(x)\,dx$
回転体の体積	$y = f(x)$, x 軸，区間 $[a, b]$ により定義される平面を x 軸の周りに 1 回転させた立体の体積 $V = \int_a^b \pi\{f(x)\}^2\,dx = \pi \int_a^b y^2\,dx$ y 軸の周りに 1 回転させる場合 $V = \pi \int_a^b x^2\,dy$

表 A.12 集合と論理

集 合	部分集合：$A \subset B$ （A は B に含まれる） 和集合　：$A \cup B$ （A または B） 積集合　：$A \cap B$ （A かつ B） 補集合　：$\overline{A}$ 　（A を除いた残り）
推移律 対　偶 補集合 べき等律 吸収律 可換律 結合律 分配律 ド・モルガン の法則	$A \subset B$ かつ $B \subset C$ ならば $A \subset C$ $A \subset B$ ならば $\overline{B} \subset \overline{A}$ $\overline{\overline{A}} = A, \quad A \cup \overline{A} = $ 全体集合, $\quad A \cap \overline{A} = \emptyset$ $A \cup A = A, \quad A \cap A = A$ $A \cup (A \cap B) = A, \quad A \cap (A \cup B) = A$ $A \cup B = B \cup A, \quad A \cap B = B \cap A$ $A \cup (B \cup C) = (A \cup B) \cup C$ $A \cap (B \cap C) = (A \cap B) \cap C$ $A \cup (B \cap C) = (A \cup B) \cap (A \cup C)$ $A \cap (B \cup C) = (A \cap B) \cup (A \cap C)$ $\overline{A \cup B} = \overline{A} \cap \overline{B}, \quad \overline{A \cap B} = \overline{A} \cup \overline{B}$
命　題	仮定　：$A \Rightarrow B$ （A が真ならば B も真） または：$A \vee B$ （どちらかが真ならば，真） かつ　：$A \wedge B$ （両方が真のときに限り，真） 否定　：$\overline{A}$ 　（A の真偽の否定） 　（律・法則：$\subset \cup \cap$ を $\Rightarrow \vee \wedge$ に置き換えれば，すべて成立）
必要十分	$A \Rightarrow B$ が真のとき，A は B の十分条件，B は A の必要条件 $(A \Rightarrow B) \wedge (B \Rightarrow A)$ が真のとき，A は B の必要十分条件 必要十分条件は「$A \Leftrightarrow B$」あるいは「A iff B」と表記
量　称	全称記号：$\forall x [\mathcal{P}]$ （任意の x に対して $\mathcal{P}$ が成立） 存在記号：$\exists x [\mathcal{P}]$ （$\mathcal{P}$ を満たす x が存在） 量称の否定：$\overline{\forall x [\mathcal{P}]} \Leftrightarrow \exists x [\overline{\mathcal{P}}], \quad \overline{\exists x [\mathcal{P}]} \Leftrightarrow \forall x [\overline{\mathcal{P}}]$
論理回路	または：OR 素子（論理式 $A + B$） かつ　：AND 素子（論理式 $A \cdot B$） 否定　：NOT 素子（論理式 $\overline{A}$） 　（律・法則：$\vee \wedge$ を $+ \cdot$ に置き換えれば，すべて成立）

A.4 公式あれこれ　　149

表 **A.13**　行列と行列式

和・差	$\begin{bmatrix} a_{11} & a_{12} \\ a_{21} & a_{22} \end{bmatrix} \pm \begin{bmatrix} b_{11} & b_{12} \\ b_{21} & b_{22} \end{bmatrix} = \begin{bmatrix} a_{11} \pm b_{11} & a_{12} \pm b_{12} \\ a_{21} \pm b_{21} & a_{22} \pm b_{22} \end{bmatrix}$
スカラー倍	$k \begin{bmatrix} a_{11} & a_{12} \\ a_{21} & a_{22} \end{bmatrix} = \begin{bmatrix} k\,a_{11} & k\,a_{12} \\ k\,a_{21} & k\,a_{22} \end{bmatrix}$
積	$\begin{bmatrix} a_{11} & a_{12} \\ a_{21} & a_{22} \end{bmatrix} \begin{bmatrix} x_1 \\ x_2 \end{bmatrix} = \begin{bmatrix} a_{11}\,x_1 + a_{12}\,x_2 \\ a_{21}\,x_1 + a_{22}\,x_2 \end{bmatrix}$ $\begin{bmatrix} a_{11} & a_{12} \\ a_{21} & a_{22} \end{bmatrix} \begin{bmatrix} b_{11} & b_{12} \\ b_{21} & b_{22} \end{bmatrix} = \begin{bmatrix} a_{11}\,b_{11} + a_{12}\,b_{21} & a_{11}\,b_{12} + a_{12}\,b_{22} \\ a_{21}\,b_{11} + a_{22}\,b_{21} & a_{21}\,b_{12} + a_{22}\,b_{22} \end{bmatrix}$ $\begin{bmatrix} a_1 & a_2 \end{bmatrix} \begin{bmatrix} x_1 \\ x_2 \end{bmatrix} = a_1\,x_1 + a_2\,x_2$ $\begin{bmatrix} a_1 \\ a_2 \end{bmatrix} \begin{bmatrix} b_1 & b_2 \end{bmatrix} = \begin{bmatrix} a_1\,b_1 & a_1\,b_2 \\ a_2\,b_1 & a_2\,b_2 \end{bmatrix}$
積のルール	実数 k ： $(k\mathbf{A})\,\mathbf{B} = \mathbf{A}\,(k\mathbf{B}) = k\,(\mathbf{AB})$ 結合則： $(\mathbf{AB})\,\mathbf{C} = \mathbf{A}\,(\mathbf{BC})$ 分配則： $(\mathbf{A} + \mathbf{B})\,\mathbf{C} = \mathbf{AC} + \mathbf{BC}$ 　　　　$\mathbf{A}\,(\mathbf{B} + \mathbf{C}) = \mathbf{AB} + \mathbf{AC}$
逆行列	$\begin{bmatrix} a_{11} & a_{12} \\ a_{21} & a_{22} \end{bmatrix}^{-1} = \dfrac{1}{a_{11}\,a_{22} - a_{12}\,a_{21}} \begin{bmatrix} a_{22} & -a_{12} \\ -a_{21} & a_{11} \end{bmatrix}$
行列式	$\begin{vmatrix} a_{11} & a_{12} \\ a_{21} & a_{22} \end{vmatrix} = a_{11}\,a_{22} - a_{12}\,a_{21}$ $\begin{vmatrix} a_{11} & a_{12} & a_{13} \\ a_{21} & a_{22} & a_{23} \\ a_{31} & a_{32} & a_{33} \end{vmatrix} = a_{11} \begin{vmatrix} a_{22} & a_{23} \\ a_{32} & a_{33} \end{vmatrix} - a_{12} \begin{vmatrix} a_{21} & a_{23} \\ a_{31} & a_{33} \end{vmatrix} + a_{13} \begin{vmatrix} a_{21} & a_{22} \\ a_{31} & a_{32} \end{vmatrix}$ $ = a_{11}\,a_{22}\,a_{33} - a_{11}\,a_{23}\,a_{32} + a_{12}\,a_{23}\,a_{31}$ $ - a_{12}\,a_{21}\,a_{33} + a_{13}\,a_{21}\,a_{32} - a_{13}\,a_{22}\,a_{31}$ 「行や列の交換 ⇒ 符号が反転」など，行列式の性質は 2.2.2 項参照

表 A.14 複 素 数

虚数単位	電気工学では文字 j を使用：$j^2 = -1$ （数学では文字 i を使用）
相　等	$a + bj = c + dj \Leftrightarrow a = c,\ b = d$ $a + bj = 0 \Leftrightarrow a = 0,\ b = 0$
加　減	$(a + bj) \pm (c + dj) = (a \pm c) + (b \pm d)j$
乗　除	$(a + bj) \cdot (c + dj) = (ac - bd) + (ad + bc)j$ $\dfrac{a + bj}{c + dj} = \dfrac{ac + bd}{c^2 + d^2} + \dfrac{bc - ad}{c^2 + d^2}j$
共役複素数	$\overline{z} = \overline{a + bj} = a - bj$ $\overline{z_1 \pm z_2} = \overline{z_1} \pm \overline{z_2},\quad \overline{z_1 z_2} = \overline{z_1} \cdot \overline{z_2},\quad \overline{\left(\dfrac{z_1}{z_2}\right)} = \dfrac{\overline{z_1}}{\overline{z_2}}$
絶対値	$\|z\| = \|a + bj\| = \sqrt{a^2 + b^2}$ $\|z\| = 0 \Leftrightarrow z = 0$ $\|z\| = \|-z\| = \|\overline{z}\|,\quad z\,\overline{z} = \|z\|^2,\quad \|z_1 z_2\| = \|z_1\|\|z_2\|,\quad \left\|\dfrac{z_1}{z_2}\right\| = \dfrac{\|z_1\|}{\|z_2\|}$
表示形式	直角座標表示：$z = a + bj$ 極座標表示　：$z = \|z\|e^{j\theta} = \|z\|(\cos\theta + j\sin\theta),\quad \theta = \arg(z)$
偏　角	$\arg(z) = \arg(a + bj) = \tan^{-1}\dfrac{b}{a}$ 　　$\tan^{-1}$ の値域は $-\pi/2 \sim \pi/2$ なので $a < 0$ のとき注意が必要 　　$a < 0,\ b > 0$ の場合，$\tan^{-1}\dfrac{b}{a} = \pi - \tan^{-1}\dfrac{b}{\|a\|}$ 　　$a < 0,\ b < 0$ の場合，$\tan^{-1}\dfrac{b}{a} = \tan^{-1}\dfrac{\|b\|}{\|a\|} - \pi$ $\arg(z_1 z_2) = \arg(z_1) + \arg(z_2),\quad \arg\left(\dfrac{z_1}{z_2}\right) = \arg(z_1) - \arg(z_2)$ $\tan^{-1}x + \tan^{-1}y = \tan^{-1}\dfrac{x + y}{1 - xy}$ $\tan^{-1}x - \tan^{-1}y = \tan^{-1}\dfrac{x - y}{1 + xy},\quad \pi - \tan^{-1}x = \tan^{-1}\dfrac{1}{x}$
複素関数	オイラーの公式　　：$e^{j\theta} = \cos\theta + j\sin\theta$ ド・モアブルの定理：$(\cos\theta + j\sin\theta)^n = \cos n\theta + j\sin n\theta$

A.4 公式あれこれ

表 A.15 ラプラス変換

定義	ラプラス変換 $X(s) = \mathcal{L}[x(t)] = \displaystyle\int_0^\infty e^{-st}\, x(t)\, dt$
性質	線形性 $\quad \mathcal{L}[k_1 x(t) + k_2 y(t)] = k_1 X(s) + k_2 Y(s)$ 微分のラプラス変換 $\quad \mathcal{L}\left[\dfrac{dx(t)}{dt}\right] = s X(s) - x(0)$ $\qquad\qquad\qquad\qquad\mathcal{L}\left[\dfrac{d^2 x(t)}{dt^2}\right] = s^2 X(s) - s x(0) - \dfrac{dx(0)}{dt}$ 積分のラプラス変換 $\quad \mathcal{L}\left[\displaystyle\int_0^t x(t)\, dt\right] = \dfrac{1}{s} X(s)$ 時間遅れ T をもつ関数 $\quad \mathcal{L}[x(t-T)] = e^{-sT} X(s)$ 初期値定理 $\quad \displaystyle\lim_{t\to 0} x(t) = \lim_{s\to\infty} s X(s)$ 最終値定理 $\quad \displaystyle\lim_{t\to\infty} x(t) = \lim_{s\to 0} s X(s)$
基本関数のラプラス変換	$\mathcal{L}[\delta(t)] = 1 \qquad\qquad\qquad \mathcal{L}[\cos\omega t] = \dfrac{s}{s^2+\omega^2}$ $\mathcal{L}[u(t)] = \dfrac{1}{s} \qquad\qquad\quad \mathcal{L}[\sin\omega t] = \dfrac{\omega}{s^2+\omega^2}$ $\mathcal{L}[t] = \dfrac{1}{s^2} \qquad\qquad\quad\, \mathcal{L}[e^{-\zeta t}\cos\omega t] = \dfrac{s+\zeta}{(s+\zeta)^2+\omega^2}$ $\mathcal{L}[e^{-at}] = \dfrac{1}{s+a} \qquad\quad \mathcal{L}[e^{-\zeta t}\sin\omega t] = \dfrac{\omega}{(s+\zeta)^2+\omega^2}$ $\mathcal{L}[t e^{-at}] = \dfrac{1}{(s+a)^2}$
適用の流れ	① 解きたい微分方程式をラプラス変換する（$x(t)$ を $X(s)$ に） ② 得られた式を代数的に解く（$X(s)$ を求める） ③ $X(s)$ を部分分数展開する（単純な有理関数の和に） ④ 逆ラプラス変換（上記の右辺を左辺に）すれば解 $x(t)$ を得る
部分分数展開	$X(s) = \dfrac{N(s)}{(s+\alpha_1)(s+\alpha_2)\cdots(s+\alpha_n)}$ $\qquad = \dfrac{\beta_1}{s+\alpha_1} + \dfrac{\beta_2}{s+\alpha_2} + \cdots + \dfrac{\beta_n}{s+\alpha_n}$ このとき $\beta_k = (s+\alpha_k) X(s) \Big|_{s=-\alpha_k}$

表 A.16　電気回路論

素子特性	抵抗 $v = Ri$　　インダクタ $v = L\dfrac{di}{dt}$　　キャパシタ $i = C\dfrac{dv}{dt}$
単　位	電圧 v〔V, volt〕　　電流 i〔A, ampère〕 抵抗 R〔Ω, ohm〕　　コンダクタンス G〔S, siemens〕$(G=1/R)$ インダクタンス L〔H, henry〕　　キャパシタンス C〔F, farad〕
直流と交流	直流回路：v, i が時刻変化せず一定 $(dv/dt = di/dt = 0)$ 交流回路：v, i が時刻とともに変化（正弦波を用いるのが一般的）
正弦波	瞬時値 $A_m \cos(\omega t + \phi)$　　実効値 $A_e = A_m/\sqrt{2}$ 振幅 A_m　　角周波数 ω〔rad/s〕　　位相 ϕ〔rad〕 周期 T〔s〕$(\omega T = 2\pi)$　　周波数 f〔Hz, hertz〕$(fT=1)$
過渡と定常	時間微分を含む素子特性を用いて回路方程式を導くと微分方程式 その一般解が過渡解（$t \to \infty$ で零），特殊解が定常解
オームの法則	$V = ZI$　(Z：複素インピーダンス) 抵抗 $Z = R$　　インダクタ $Z = j\omega L$　　キャパシタ $Z = \dfrac{1}{j\omega C}$
記号法	複素インピーダンスを用いて回路方程式を導くと代数方程式 その解（複素数）を瞬時値に直せば，定常解に一致
キルヒホッフ の法則	電流則 KCL：節点に流れ込む電流の和 = 流れ出す電流の和 電圧則 KVL：ループに沿った（向きを符号にした）電圧の和 = 0
解析手法	節点解析：節点の電圧を変数にし，KCL で回路方程式を導出 網目解析：ループ電流を変数にし，KVL で回路方程式を導出 混合解析：上記 2 手法の併用（節点電圧とループ電流を変数に） 重ね合せ：複数の電源を含む回路を，電源一つの回路に分解 　　（他の電圧源は短絡，電流源は開放除去）→　各回路を解き 　　得られた電圧・電流を足せば，元の回路の電圧・電流に一致
電　力	電力を求めたい部分回路の電圧 V と電流 I を導出（複素数） 複素電力 $P = \overline{V}I \, (= P_R + jP_X)$ 有効電力 P_R〔W, watt〕　　無効電力 P_X〔var〕 皮相電力 $|P|$〔V·A〕　　力率 $\cos\phi = P_R/|P|$

表 A.16 （つづき）

等価回路	等価回路：同じ電圧・電流特性をもつ回路 　　（回路の一部を等価回路に置き換えても，同じ解が得られる） 合成インピーダンス：Z_1, Z_2 の直列回路 $\Rightarrow Z = Z_1 + Z_2$ 　　　　　　　　　　Z_1, Z_2 の並列回路 $\Rightarrow \dfrac{1}{Z} = \dfrac{1}{Z_1} + \dfrac{1}{Z_2}$ テブナン等価回路：端子間の電圧 E_0，端子対から見たインピーダンス Z_0 のとき，電圧源 E_0 とそれに直列な Z_0 が等価回路 　　（Z_0 を求める際，回路内の電圧源は短絡，電流源は開放除去） ノートン等価回路：電流源 $J_0 = E_0/Z_0$ とそれに並列な Z_0 の回路 Δ–Y 変換：Δ 形回路（端子間のインピーダンス Z_{ab}, Z_{bc}, Z_{ca}） 　　　　　　　Y 形回路（端子-中性点間のアドミタンス Y_a, Y_b, Y_c） $Z_{ab} = \dfrac{Y_a + Y_b + Y_c}{Y_a Y_b} \qquad Y_a = \dfrac{Z_{ab} + Z_{bc} + Z_{ca}}{Z_{ab} Z_{ca}}$ $Z_{bc} = \dfrac{Y_a + Y_b + Y_c}{Y_b Y_c} \qquad Y_b = \dfrac{Z_{ab} + Z_{bc} + Z_{ca}}{Z_{ab} Z_{bc}}$ $Z_{ca} = \dfrac{Y_a + Y_b + Y_c}{Y_c Y_a} \qquad Y_c = \dfrac{Z_{ab} + Z_{bc} + Z_{ca}}{Z_{bc} Z_{ca}}$
2 端子対回路 特性行列	Z 行列：$\begin{bmatrix} V_1 \\ V_2 \end{bmatrix} = \begin{bmatrix} Z_{11} & Z_{12} \\ Z_{21} & Z_{22} \end{bmatrix} \begin{bmatrix} I_1 \\ I_2 \end{bmatrix}$ Y 行列：$\begin{bmatrix} I_1 \\ I_2 \end{bmatrix} = \begin{bmatrix} Y_{11} & Y_{12} \\ Y_{21} & Y_{22} \end{bmatrix} \begin{bmatrix} V_1 \\ V_2 \end{bmatrix}$ F 行列：$\begin{bmatrix} V_1 \\ I_1 \end{bmatrix} = \begin{bmatrix} A & B \\ C & D \end{bmatrix} \begin{bmatrix} V_2 \\ I_2 \end{bmatrix}$ H 行列：$\begin{bmatrix} V_1 \\ I_2 \end{bmatrix} = \begin{bmatrix} H_{11} & H_{12} \\ H_{21} & H_{22} \end{bmatrix} \begin{bmatrix} I_1 \\ V_2 \end{bmatrix}$ G 行列：$\begin{bmatrix} I_1 \\ V_2 \end{bmatrix} = \begin{bmatrix} G_{11} & G_{12} \\ G_{21} & G_{22} \end{bmatrix} \begin{bmatrix} V_1 \\ I_2 \end{bmatrix}$
2 端子対素子	結合インダクタ：$\begin{bmatrix} V_1 \\ V_2 \end{bmatrix} = \begin{bmatrix} j\omega L_1 & j\omega M \\ j\omega M & j\omega L_2 \end{bmatrix} \begin{bmatrix} I_1 \\ I_2 \end{bmatrix}$ 理想変成器　：$\begin{bmatrix} V_2 \\ I_2 \end{bmatrix} = \begin{bmatrix} n & 0 \\ 0 & -1/n \end{bmatrix} \begin{bmatrix} V_1 \\ I_1 \end{bmatrix}$ ジャイレータ：$\begin{bmatrix} V_1 \\ V_2 \end{bmatrix} = \begin{bmatrix} 0 & -R \\ R & 0 \end{bmatrix} \begin{bmatrix} I_1 \\ I_2 \end{bmatrix}$

A.4.2 数式に使われるギリシャ文字

数式には，アルファベット以外にギリシャ文字もよく用いられる。例えば，三角関数では，$\alpha, \beta, \pi, \theta, \phi, \omega$ を使用した。表 A.17 にその一覧を示す。きちんと読めるようにしておこう。理系の学生が読めないのは恥ずかしい。

表 A.17 ギリシャ文字

大・小文字		読み		大・小文字		読み	
	α	alpha	アルファ	Ξ	ξ	xi	グザイ
	β	beta	ベータ	Π	π	pi	パイ
Γ	γ	gamma	ガンマ		ρ	rho	ロー
Δ	δ	delta	デルタ	Σ	σ	sigma	シグマ
	ϵ, ε	epsilon	イプシロン		τ	tau	タウ
	η	eta	イータ	Υ	υ	upsilon	ユプシロン
Θ	θ	theta	シータ	Φ	ϕ, φ	phi	ファイ
	κ	kappa	カッパ		χ	chi	カイ
Λ	λ	lambda	ラムダ	Ψ	ψ	psi	プサイ, プシイ
	μ	mu	ミュー	Ω	ω	omega	オメガ
	ν	nu	ニュー		ζ	zeta	ゼータ

A.4.3 単位の接頭文字（倍数）

扱う物理量が桁違いに大きかったり小さかったりすると，そのままの数値が意外にわかりにくい。例えば，抵抗は非常に大きな数から小さな数まで極端に広い範囲の値を実際に使用する。$12\,300\,000\,\Omega$ とか $0.000\,004\,56\,\Omega$ の抵抗といわれても実感がわかない。そこで，大きな数や小さな数の単位に，表 A.18 に示す「倍数の接頭文字」をつけ，$12.3\,M\Omega$ とか $4.56\,\mu\Omega$ のように，なるべく有効数字だけを記すようにする。

表 A.18 単位の接頭文字

大きさ	記号	読み		大きさ	記号	読み	
10^{24}	Y	ヨタ	yotta	10^{-1}	d	デシ	deci
10^{21}	Z	ゼタ	zetta	10^{-2}	c	センチ	centi
10^{18}	E	エクサ	exa	10^{-3}	m	ミリ	milli
10^{15}	P	ペタ	peta	10^{-6}	μ	マイクロ	micro
10^{12}	T	テラ	tera	10^{-9}	n	ナノ	nano
10^{9}	G	ギガ	giga	10^{-12}	p	ピコ	pico
10^{6}	M	メガ	mega	10^{-15}	f	フェムト	femto
10^{3}	k	キロ	kilo	10^{-18}	a	アト	atto
10^{2}	h	ヘクト	hecto	10^{-21}	z	ゼプト	zepto
10	da	デカ	deca	10^{-24}	y	ヨクト	yocto

A.4.4 単位の換算（国際単位系）

よく耳にする単位でも，国際単位系（m, m^2, m^3, kg など）に換算する際，適当な数値しか覚えていないことが多い．1 ヤード？ 90 cm ぐらい，1 マイル？ 1600 m ぐらいとか．**表 A.19** におもな単位の換算表を示す．必要になったときに参照してほしい．

表 A.19 単位の換算

単位の名称	記号	換算	単位の名称	記号	換算
長さの単位			体積の単位		
ミクロン	μ	μm	リットル	ℓ	10^{-3}m^3
オングストローム	Å	10^{-10}m	ガロン	gal	3.785 41 ℓ
ポイント	pt	0.351 5 mm	バレル	bbl	42 gal
インチ	in	2.54 cm	合（ごう）	合	0.180 39 ℓ
フィート	ft	0.304 8 m	升（しょう）	升	10 合
ヤード	yd	0.914 4 m	重さの単位		
マイル	mi	1 609.344 m	トン	t	1 000 kg
海里	nm	1 852 m	カラット	ct	0.2 g
光年	l.y.	9.46×10^{15}m	オンス	oz	28.349 g
寸（すん）	寸	3.03 cm	ポンド	lb	453.592 g
尺（しゃく）	尺	0.303 m	匁（もんめ）	匁	3.75 g
間（けん）	間	1.818 2 m	圧力の単位（注：Pa はパスカル）		
里（り）	里	3 926.88 m	バール	bar	100 000 Pa
面積の単位			気圧	atm	101 325 Pa
エーカー	ac	4 046.856 m^2	その他の単位（注：℃ は摂氏）		
アール	a	100 m^2	温度: 華氏	°F	(9/5)℃ + 32
ヘクタール	ha	10 000 m^2	速度: ノット	kn	1.852 km/h
坪（つぼ）	坪	3.306 m^2	正確な 1 年	年	31 556 926 秒

ちなみに，表の最後の「正確な 1 年は 31 556 926 秒」は，地球が太陽を 1 周するのに要する正確な時間である．1 年は $365\times 24\times 60\times 60 = 31 536 000$ 秒なので，その差 20 926 秒足りない．これを解消するのがグレゴリオ暦のうるう年（閏年）で，4 年に1 度だけ 2 月 29 日が存在する．ただし，4 年に 1 度というのは正確ではなく，西暦 $= (4 \text{の倍数} \land \overline{100 \text{の倍数}}) \lor (400 \text{の倍数})$ がうるう年の正しい定義である．

もう一つ，元号と西暦の換算を紹介しておこう．元号とは，天皇が即位するたびに替えられた日本独自の年号で，大化の改新の頃から続いている．これら元号と西暦との換算表を**表 A.20** に示す．例えば，昭和 55 年生まれと平成 2 年生まれの年の差は？などというときに必要になる．

表 A.20

	西暦
平成	+ 1988
昭和	+ 1925
大正	+ 1911
明治	+ 1867

A.4.5 単位名の由来（電気と磁気の発展史）

古典的な電気と磁気の理論は，ほぼ 18，19 世紀の 200 年間で完成された．この理論をつくるために参加した数学者や物理学者の人名を図 **A.18** に示す．種々の公式や法則の名前，物理量の単位など，われわれがよく知る名前が勢ぞろいしている．彼らが何を見つけ何を明らかにしたのか，調べてみるのもおもしろい．

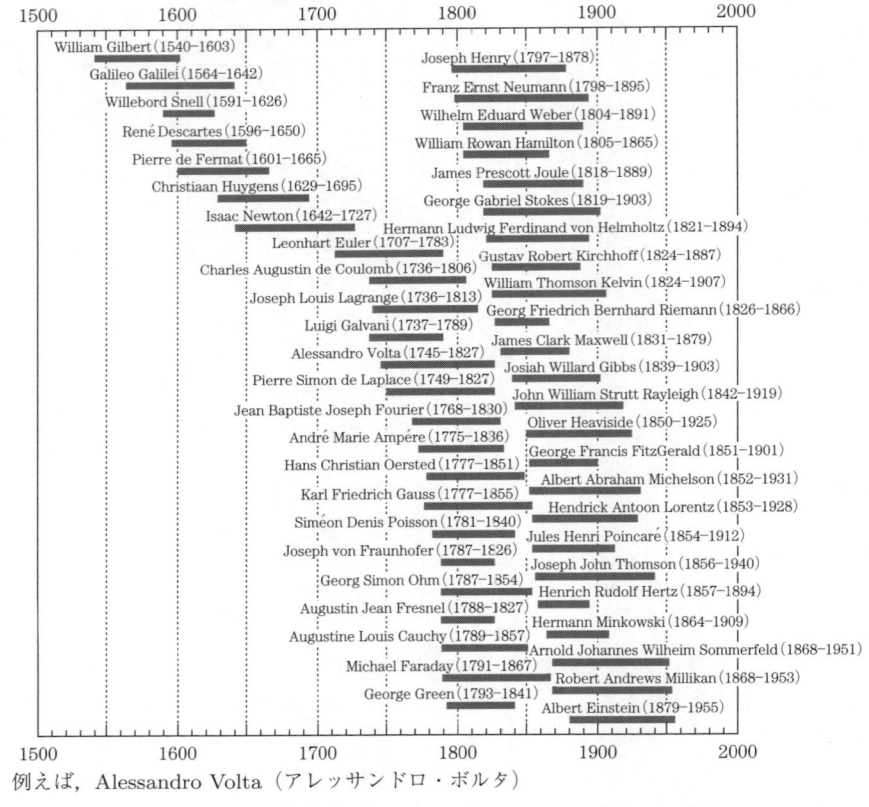

```
1500      1600      1700      1800      1900      2000
```

- William Gilbert (1540–1603)
- Galileo Galilei (1564–1642)
- Willebord Snell (1591–1626)
- René Descartes (1596–1650)
- Pierre de Fermat (1601–1665)
- Christiaan Huygens (1629–1695)
- Isaac Newton (1642–1727)
- Leonhart Euler (1707–1783)
- Charles Augustin de Coulomb (1736–1806)
- Joseph Louis Lagrange (1736–1813)
- Luigi Galvani (1737–1789)
- Alessandro Volta (1745–1827)
- Pierre Simon de Laplace (1749–1827)
- Jean Baptiste Joseph Fourier (1768–1830)
- André Marie Ampère (1775–1836)
- Hans Christian Oersted (1777–1851)
- Karl Friedrich Gauss (1777–1855)
- Siméon Denis Poisson (1781–1840)
- Joseph von Fraunhofer (1787–1826)
- Georg Simon Ohm (1787–1854)
- Augustin Jean Fresnel (1788–1827)
- Augustine Louis Cauchy (1789–1857)
- Michael Faraday (1791–1867)
- George Green (1793–1841)
- Joseph Henry (1797–1878)
- Franz Ernst Neumann (1798–1895)
- Wilhelm Eduard Weber (1804–1891)
- William Rowan Hamilton (1805–1865)
- James Prescott Joule (1818–1889)
- George Gabriel Stokes (1819–1903)
- Hermann Ludwig Ferdinand von Helmholtz (1821–1894)
- Gustav Robert Kirchhoff (1824–1887)
- William Thomson Kelvin (1824–1907)
- Georg Friedrich Bernhard Riemann (1826–1866)
- James Clark Maxwell (1831–1879)
- Josiah Willard Gibbs (1839–1903)
- John William Strutt Rayleigh (1842–1919)
- Oliver Heaviside (1850–1925)
- George Francis FitzGerald (1851–1901)
- Albert Abraham Michelson (1852–1931)
- Hendrick Antoon Lorentz (1853–1928)
- Jules Henri Poincaré (1854–1912)
- Joseph John Thomson (1856–1940)
- Henrich Rudolf Hertz (1857–1894)
- Hermann Minkowski (1864–1909)
- Arnold Johannes Wilheim Sommerfeld (1868–1951)
- Robert Andrews Millikan (1868–1953)
- Albert Einstein (1879–1955)

```
1500      1600      1700      1800      1900      2000
```

例えば，Alessandro Volta（アレッサンドロ・ボルタ）

1745〜1827 年．イタリア出身の物理学者．ガルバーニが発見した生物電気（カエルの筋肉に 2 種類の金属を刺すと電流が発生）の正体を解明．銀とすずの板を交互に重ね，それに食塩水をかけると電流が発生することを発見（ボルタ電池）．1881 年，電圧の基本単位を「ボルト」に決定．

図 **A.18**

参　考　文　献

1) 古屋茂：行列と行列式，培風館 (1975)

　　古くから読み継がれてきた名著であり，記述もわかりやすい．5 章までの 100 頁くらいを読んでおくと，たいていのことは理解できるようになる．

2) 砂田利一：行列と行列式 1，岩波講座：現代数学への入門，岩波書店 (1995)

　　最近書かれた良書であり，一番推薦したい本である．行列式の定義の説明に「アミダクジ」の話が書かれており，非常に読みやすくおもしろく書かれている．できればがんばって 2 巻目も読破してほしい．

3) ポントリャーギン著，千葉克裕訳：常微分方程式，共立出版 (1963)

　　微分方程式の本であるが，回路，制御，非線形力学への最良の入門書でもある．出版以来 40 年間も新鮮さを失わない教科書である．電気回路の交流理論について「複素振幅の方法」として解説がある．ポントリャーギンは，旧ソ連の盲目のトポロジスト，連続群論や力学系における構造安定性の理論で有名である．制御工学では「ポントリャーギンの最大値原理」で 1960 年代の流れをつくった．

4) 川上博，島本隆，西尾芳文：例題と課題で学ぶ電気回路，コロナ社 (2006)

　　われわれが電気回路の講義を担当するようになった 10 年ほど前から，修正を繰り返し使ってきた講義ノートを出版したものである．本書で行なう「電気数学演習」に引き続き行なわれる「電気回路 1, 2」の講義で使用している．当然ながら，この本とのつながりを最大限考慮して，本書の内容は記述されている．

5) 小林邦博，川上博：電気回路の過渡現象，産業図書 (1991)

　　電気回路の過渡現象について，回路方程式の立て方，状態変数解析，ラプラス変換法等が解説されている．上述した「電気回路 1, 2」に引き続き行なわれる「過渡現象」の講義で使用している．本書との関連が深いことはいうまでもない．

6) C. K. Tse：Linear Circuit Analysis, Addison-Wesley (1998)

　　最後に英語の入門書をあげておこう．この本も回路理論の入り口を概説してくれる良書である．ところどころに回路解析用ソフト PSPICE の紹介があり，付録に必要な数学や使われている語彙がまとめられている．現場で必要な事柄を例にすることによって，内容に親しみをもたせる工夫が感じられる．

演習問題解答

1 章

1.1　$x = \dfrac{37}{77},\ y = -\dfrac{3}{11},\ z = \dfrac{27}{77}$

1.2　$a = 5,\ b = -1,\ c = -3,\ d = 8$

1.3　$I_1 = \dfrac{R_2+R_3}{\Delta}E,\ I_2 = \dfrac{R_3}{\Delta}E,\ I_3 = \dfrac{R_2}{\Delta}E,\ \Delta = R_1R_2 + R_2R_3 + R_3R_1$

1.4　$E_1 = 1,\ E_2 = 2,\ E_3 = 9,\ E_4 = 12$

1.5　(1) 頂点 $\left(\dfrac{3}{2}, -\dfrac{7}{4}\right)$ の上に凸な放物線，値域 $-14 \leqq y \leqq -\dfrac{7}{4}$

(2) 頂点 $(1, -4)$ の下に凸な放物線，値域 $-4 \leqq y < 5$

1.6　BD$= 1$，面積 $2\sqrt{3}$

1.7　最も高い位置は 2 秒後に 20m，キャッチした時刻は $2+\sqrt{3}$ 秒後

1.8　(1) $y = x^2 - 6x + 4$　　(2) $y = 2x^2 - 4x - 6$　　(3) $y = -2x^2 + 2x + 5$

1.9　$c = -3$，最小値 -4

1.10　(1) $\dfrac{-3 \pm \sqrt{7}}{2}$　　(2) ない

1.11　(1) $x \leqq 1-\sqrt{3},\ 1+\sqrt{3} \leqq x$　　(2) $\dfrac{5-\sqrt{5}}{10} < x < \dfrac{5+\sqrt{5}}{10}$

1.12　$2 \leqq x < 5$

1.13　$\sqrt{6}$

1.14　(1) -1　　(2) $135°$

1.15　(1) $\dfrac{1}{\sqrt{5}}$　　(2) $\dfrac{2}{\sqrt{5}}$　　(3) $\dfrac{1}{2}$

1.16　(1) $\dfrac{\pi}{2}, \dfrac{3}{2}\pi, \dfrac{2}{3}\pi, \dfrac{4}{3}\pi$　　(2) $\dfrac{\pi}{2}, \dfrac{3}{2}\pi, \dfrac{\pi}{3}, \dfrac{2}{3}\pi$　　(3) $\dfrac{\pi}{3}, \dfrac{4}{3}\pi$　　(4) $\dfrac{\pi}{12}, \dfrac{17}{12}\pi$

1.17　(1) $0 < \theta < \dfrac{\pi}{3},\ \pi < \theta < \dfrac{5}{3}\pi$　　(2) $0 \leqq \theta \leqq \pi,\ \dfrac{7}{6}\pi \leqq \theta \leqq \dfrac{11}{6}\pi$

演 習 問 題 解 答 159

1.18 最小値 -2 $\left(\theta = \dfrac{3}{2}\pi\right)$

1.19 最大値 2 $\left(\theta = \dfrac{\pi}{3}\right)$, 最小値 -2 $\left(\theta = \dfrac{4}{3}\pi\right)$, $y=0$ の $\theta = \dfrac{5}{6}\pi,\ \dfrac{11}{6}\pi$

1.20 最大値 $\sqrt{2}$ $\left(\theta = \dfrac{\pi}{8}\right)$, 最小値 $-\sqrt{2}$ $\left(\theta = \dfrac{5}{8}\pi\right)$

1.21 $f'(x) = \displaystyle\lim_{h\to 0}\dfrac{(x+h)\sqrt{x+h}-x\sqrt{x}}{h} = \lim_{h\to 0}\left\{\dfrac{x\left(\sqrt{x+h}-\sqrt{x}\right)}{h}+\sqrt{x+h}\right\}$
$= \displaystyle\lim_{h\to 0}\left\{\dfrac{x}{\sqrt{x+h}+\sqrt{x}}+\sqrt{x+h}\right\} = \dfrac{x}{2\sqrt{x}}+\sqrt{x} = \dfrac{3}{2}\sqrt{x}$

1.22 (1) $y' = 5x^4 - 6x^2 - 2x$ (2) $y' = -\dfrac{3x^2}{(x^3+1)^2}$ (3) $y' = \dfrac{4x}{(x^2+2)^2}$

(4) $y' = 6(2x-5)^2$ (5) $y' = 6x(x^2-1)^2$ (6) $y' = -\dfrac{12x}{(3x^2-2)^3}$

(7) $y' = \dfrac{x}{(1-x^2)\sqrt{1-x^2}}$ (8) $y' = \dfrac{3x^2+4x+2}{3\sqrt[3]{(x+2)^2(x^2+2)^2}}$

1.23 (1) $y' = -6x\cos(-3x^2+1)$ (2) $y' = \dfrac{\sin x}{(2+\cos x)^2}$ (3) $y' = \dfrac{1}{1-\sin x}$

(4) $y' = e^x(\cos x - \sin x)$ (5) $y' = e^{-3x}(1-3x)$ (6) $y' = \dfrac{e^x}{(e^x+1)^2}$

(7) $y' = \log x$ (8) $y' = \dfrac{1}{2(x+\sqrt{x})}$ (9) $y' = \dfrac{1}{\sqrt{x^2+1}}$

1.24 $\dfrac{dx}{d\theta} = 2\cos\theta,\ \dfrac{dy}{d\theta} = 3\sin\theta,\ \therefore\ \dfrac{dy}{dx} = \dfrac{3}{2}\tan\theta$

1.25 $y' = 2e^{-2x}(\cos 2x - \sin 2x),\ y'' = -8e^{-2x}\cos 2x$ を代入して確認

1.26 (1) 接線 $y = 2x - \dfrac{\pi}{2}+1$, 法線 $y = -\dfrac{1}{2}x+\dfrac{\pi}{8}+1$

(2) 接線 $y = -\dfrac{1}{2}x+5,\ y = \dfrac{1}{2}x-5$, 法線 $y = 2x-15,\ y = -2x+15$

1.27 (1) $x=1$ で極大値 e^{-2}, $x=0$ で極小値 0 (2) $x=3$ で極小値 -18

(3) $x=\dfrac{5}{6}\pi$ で極大値 $\dfrac{5}{6}\pi+\sqrt{3}$, $x=\dfrac{3}{2}\pi$ で極小値 $\dfrac{3}{2}\pi-\sqrt{3}$

1.28 $a=-2$, $x=-1$ で極大値 -1, $x=3$ で極小値 7

1.29 (1) $x=\dfrac{\pi}{2}$ で最大値 π, $x=\dfrac{3}{2}\pi$ で最小値 -3π

(2) $x=\sqrt{2}$ で最大値 2, $x=-1$ で最小値 $-\sqrt{3}$

(3) $x=1+\sqrt{2}$ で最大値 $\sqrt{2}-1$, $x=1-\sqrt{2}$ で最小値 $-\sqrt{2}-1$

1.30 以下，積分定数 C を略記する。

(1) $\frac{3}{2}x^2 - 2x + \log|x| + \frac{1}{x}$ (2) $\frac{3}{4}(x-4)\sqrt[3]{x}$ (3) $\frac{1}{1-x}$

(4) $-\frac{3}{8}(3-2x)\sqrt[3]{3-2x}$ (5) $\frac{1}{2}(e^{2x} - e^{-2x}) + 2x$ (6) $-\frac{2^{2-x}}{\log 2}$

1.31 (1) $\frac{1}{3}(\log x)^3$ (2) $\frac{1}{3}(x^2+1)\sqrt{x^2+1}$ (3) $\frac{1}{3}\sin^3 x$

(4) $-\frac{1}{\sin x}$ (5) $\log(x^2 - 3x + 4)$ (6) $-\log(1 + \cos x)$

1.32 (1) $x\sin x + \cos x$ (2) $\frac{1}{4}x^2(2\log x - 1)$ (3) $\frac{1}{4}e^{2x}(2x-1)$

(4) $\log|x| - \frac{x+1}{x}\log(x+1)$

1.33 (1) 3 (2) $3\sqrt{3}$

1.34 (1) $\frac{\pi(\pi-2)}{8}$ (2) $\frac{\pi}{5}$

2章

2.1 (1) $\begin{bmatrix} 4 & 1 \\ -10 & -1 \end{bmatrix}$ (2) $\begin{bmatrix} 44 & 32 \\ 92 & 80 \end{bmatrix}$ (3) $\begin{bmatrix} 7 & 1 \\ -9 & 0 \end{bmatrix}$ (4) 解 (3) に同じ

2.2 $x = -8,\ y = -3$

2.3 $-47,\ a_{11}a_{22}a_{33},\ -a_{13}a_{22}a_{31},\ 0$

2.4 $I_1 = \dfrac{(R_2+R_3)E_1 - R_3 E_2}{R_1R_2 + R_2R_3 + R_3R_1},\ I_2 = \dfrac{(R_1+R_3)E_2 - R_3 E_1}{R_1R_2 + R_2R_3 + R_3R_1}$

2.5 略， **2.6** 略

2.7 略， **2.8** 略， **2.9** 略

3章

3.1 $-3+5j,\ -2+2j,\ -j,\ \dfrac{1+j}{2},\ \dfrac{5-12j}{13}$

3.2 $-4,\ \sqrt{5},\ -\sqrt{3}j,\ \dfrac{1+\sqrt{3}j}{2\sqrt{2}}$

3.3 $\dfrac{1\pm\sqrt{3}j}{2},\ \dfrac{1\pm\sqrt{2}j}{3},\ \dfrac{3\pm\sqrt{5}j}{2}$

3.4 $a^2 - 4b < 0$，解の領域は $b > \dfrac{a^2}{4}$（解図 **3.1**）

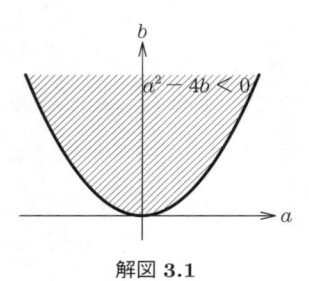

解図 3.1

3.5 $\dfrac{\pi}{4}$, $-\dfrac{\pi}{4}$, $-\dfrac{3}{4}\pi$, $\dfrac{3}{4}\pi$

3.6 $\pi-\tan^{-1}\dfrac{5}{3}$, $\dfrac{3}{4}\pi$, $-\dfrac{\pi}{2}$, $\dfrac{\pi}{4}$, $-\tan^{-1}\dfrac{12}{5}$

3.7 $\sin x$ を式 (3.18) と同じベキ級数で表し，2 回微分し，係数比較すると，$a_k = -(k+1)(k+2)\,a_{k+2}$ となる。既知の値 $\sin 0 = 0 = a_0$, $\cos 0 = 1 = a_1$ より順次係数を求めると，$a_{2k}=0$, $a_{2k+1} = \dfrac{(-1)^k}{(2k+1)!}$ となり，式 (3.22) が得られる。

3.8 (1) $z^n = (r\,e^{j\theta})^n = r^n e^{jn\theta} = r^n(\cos n\theta + j\sin n\theta)$

(2) 略，(1) において $n=1/2$ とおけば $\sqrt{z}$

(3) $\log_e z = \log_e(r\,e^{j\theta}) = \log_e r + \log_e e^{j\theta} = \log_e r + j\,\theta$

(4) $e^z = e^{x+jy} = e^x e^{jy} = e^x(\cos y + j\sin y)$

(5) $\sin z = \sin(x+jy) = \sin x\,\cos(jy) + \cos x\,\sin(jy)$
$\qquad\qquad = \sin x\,\cosh y + j\cos x\,\sinh y$

(6) $\cos z = \cos(x+jy) = \cos x\,\cos(jy) - \sin x\,\sin(jy)$
$\qquad\qquad = \cos x\,\cosh y - j\sin x\,\sinh y$

4 章

4.1 (1) $\dfrac{\pi}{2}$（進み） (2) π（進み・遅れどちらでもよい）

4.2 (1) $-\dfrac{\pi}{4}$ $\left(\dfrac{\pi}{4}\text{ 遅れ}\right)$ (2) $-\dfrac{2}{3}\pi$ $\left(\dfrac{2}{3}\pi\text{ 遅れ}\right)$ (3) $\dfrac{\pi}{6}$（進み）

4.3 (1) $5\sqrt{2}$ (2) $\dfrac{5}{\sqrt{2}}$ (3) $\sqrt{2}$

4.4 (1) $\dfrac{y(t)}{x(t)} = \dfrac{e^{j(\omega t+\pi/3)}}{e^{j(\omega t-\pi/6)}} = e^{j(\pi/3+\pi/6)} = e^{j(\pi/2)}$

(2) $\dfrac{y(t)}{x(t)} = \dfrac{e^{j(\omega t+\pi/3)}}{e^{j(\omega t-\pi/6)}/j} = \dfrac{e^{j(\omega t+\pi/3)}}{e^{j(\omega t-\pi/6-\pi/2)}} = e^{j(\pi/3+2\pi/3)} = e^{j(\pi)}$

4.5 略

4.6 式 (4.26) の虚部より，$z(t) = \dfrac{A}{\sqrt{a^2+\omega^2}}\sin(\omega t - \varphi)$, $\varphi = \tan^{-1}\dfrac{\omega}{a}$

4.7 式 (4.26) の導出と同様に，$i(t) = \dfrac{E}{\sqrt{R^2+\omega^2 L^2}}\,e^{j(\omega t - \varphi)}$, $\varphi = \tan^{-1}\dfrac{\omega L}{R}$

4.8 $v(t) = Ve^{j\omega t}$ を微分方程式に代入すれば，$(-\omega^2 CL + j\omega CR + 1)V = E$，したがって，$V = \dfrac{E}{\sqrt{(1-\omega^2 CL)^2 + (\omega CR)^2}} e^{-j\varphi}$, $\varphi = \tan^{-1}\dfrac{\omega CR}{1-\omega^2 CL}$，これを $v(t) = Ve^{j\omega t}$ に代入すれば答。二つ目の答はこの $v(t)$ の実部。

付録の解答（A.3.6 項：p.143）

p.141 に示すように，列 $n+2$ の行 $1 \sim n$ のセルに行列 **b** が入力されている場合

```
     Sub 得られた逆行列と行列 b の積 ()
1      n = Cells(1, 1).CurrentRegion.Rows.Count
2      m = n + 1
3      k = 2 * n + 1
4      For i = 1 To n
5         Cells(m + i, k) = 0
6         For j = 1 To n
7            Cells(m + i, k) _
8               = "=IMSUM(""" & Cells(m + i, k) _
9               & """,IMPRODUCT(""" & Cells(m + i, n + j) & """,""" _
10                              & Cells(j, n + 2) & """))"
11        Next
12     Next
     End Sub
```

「ガウスの消去法」マクロに組み入れる場合は，行 3～12 を「ガウスの消去法」の End Sub の直前に挿入すればよい。

索　　　　　引

【あ】

アドミタンス	127
網目解析法	125
網目電流	125
AND 素子	23
位　相	67
位相差	69, 73
位相速度	78
位相定数	77
1 次関数	24
1 階スカラー方程式	85
一般解	74, 86, 87, 131
因数分解	4
インダクタ	114, 127
インパルス応答	100
インパルス関数	90, 99
インピーダンス	126
Excel VBA マクロ	134
――解の公式	134
――グラフ描画	136
――複素数	142
――連立方程式	140
枝	119
演算子法	95
OR 素子	22
オイラーの公式	61
オームの法則	118

【か】

階　乗	60
階　数	124
回転体の体積	17
解と係数の関係	144
解の重ね合せ	50
解の公式	4, 134
外　力	75, 85, 131
回　路	119
回路素子	117
回路網	119
ガウスの消去法	142
可換律	148
角周波数	67
角速度	67
加減法	1
重ね合せの理	50, 85, 130, 152
カットセット	123
合併集合	20
過渡解	132
過渡現象	132
過渡状態	130
加法定理	7, 63
関　数	4
木	123
記号法	72, 152
帰納法	21
基本解	93
基本カットセット	125
基本タイセット	124
逆行列	34, 141, 142
キャパシタ	114, 127
吸収律	148
行	27
共通集合	20
行ベクトル	27
共役な複素数	52
行　列	27, 149
行列式	33, 140, 149
――積和のルール	35
行列指数関数	83
極座標表示	54, 65
曲線間の面積	17
極大と極小	13
虚　軸	53
虚数単位	52
虚　部	53
ギリシャ文字	154
キルヒホッフの法則	120
空間的な正弦波	77
クラーメルの公式	33, 37, 140
グラフ	119
グラフ理論	123
径　路	123
結合律	20
コイル	114, 127
後進波	78
交流回路	113, 128, 152
固有値	31, 47
固有ベクトル	31
コンダクタ	119
コンデンサ	114, 127

【さ】

三角関数	7, 145
三段論法	21
時間・空間的な正弦波	78
軸	4
2 乗平均の平方根	70
指数関数	80
自然数	19, 51
実効値	70
実　軸	53
実　数	19, 51
実　部	53

時定数	81	双曲線関数	63	同次方程式	85, 131
写 像	26	相似変換	49	同 相	69
――直線を直線に	43	存在記号	22	動的状態	113
――平面を平面に	44			特殊解	76, 87, 131
周 期	68	【た】		特性方程式	86
集 合	19, 148	対 偶	22	トポロジー	119
周波数	68	タイセット	123	ド・モアブルの定理	57, 64
純虚数	55	第2次導関数	12	ド・モルガンの法則	20
瞬時値	68	代入法	1		
状 態	85	畳込み積分	102	【な】	
初期位相	67	単位インパルス関数	99	内 積	39
初期条件	89	単位行列	28	2次関数	4
初期値問題	89	単位ステップ関数	98	2次元平面	41
進行波	78	単位の換算	155	2次方程式	4, 134, 144
振 幅	67	単位の倍数接頭文字	154	2端子対回路	153
真理値表	22	単位名の由来	156	入 力	85
推移律	20	端 子	117	NOT素子	23
数直線	40	単振動	74		
スカラー	27	値 域	4	【は】	
スカラー倍	42	頂 点	4	背理法	22
ステップ関数	98	直積集合	21	波 形	67
正弦波	67	直流回路	113, 117, 152	波 数	77
正弦波の合成	70	直角座標表示	53, 65	波 長	77
正弦波動	76	直 交	39	波動方程式	77
整 数	19, 51	直交基底	42	半減期	81
静的状態	113	定義域	4	判別式	4
成 分	27	定係数1階常微分方程式	85	反 例	21
正方行列	27	抵 抗	118	必要十分条件	21
積集合	20	定在波	79	非同次方程式	85, 131
積 分	16, 147	定常解	76	微 分	10, 146
接 線	13	定常状態	130	微分方程式	74
絶対値	54, 66	定数変化法	87	複素関数	59
節 点	119	定積分	17	複素指数関数	61, 82
節点解析	152	デルタ関数	99	複素数	19, 52, 142, 150
零行列	28	電 圧	117	複素正弦波	72
零状態応答	103	電圧源	119	複素平面	53
零入力応答	103	電 源	119	不定積分	16
線形結合	43	転置行列	37	部分集合	19
線形従属	42	電 流	117	部分分数展開	108
線形代数	28	電流源	119	不連続変化	113
線形独立	42	電 力	152	ブロック行列	30
全称記号	22	等価回路	153	分配律	20
前進波	78	導関数	10	閉 路	120, 123

ベキ級数	60, 139	無理数	51	ループ電流	125
べき等律	148	命　題	21, 148	零　度	124
ベクトル	39			列	27, 123
—長さ，角度	39	【や】		列ベクトル	27
ベクトル方程式	91, 130	有向グラフ	120	連　結	123
偏　角	54, 66	有理数	19, 51	連立1次方程式	
変　換	46	余弦波	67		1, 32, 49, 140, 144
偏微分	47	【ら】		論理回路	22, 148
包含関係	19				
法　線	15	ラジアン	54	【わ】	
補　木	123	ラプラス変換	104, 132, 151	和集合	20
補集合	20	リアクタンス	126		
【ま】		リサジュー図形	139		
		量　称	22		
向　き	118	ループ	120		

―― 著者略歴 ――

川上　博（かわかみ　ひろし）
- 1964年　徳島大学工学部電気工学科卒業
- 1969年　京都大学大学院工学研究科博士課程単位修得退学（電気工学専攻）
- 1974年　工学博士（京都大学）
- 1974年　徳島大学助教授
- 1985年　徳島大学教授
- 2001年　徳島大学副学長（教育担当）
- 2010年　徳島大学名誉教授

島本　隆（しまもと　たかし）
- 1982年　徳島大学工学部電気工学科卒業
- 1984年　徳島大学大学院工学研究科修士課程修了（電気工学専攻）
- 1984年　徳島大学助手
- 1992年　博士（工学）（大阪大学）
- 1993年　徳島大学助教授
- 2007年　徳島大学准教授
- 2008年　徳島大学教授
- 現在に至る

電気回路の基礎数学 ― 連立方程式・複素数・微分方程式 ―
Fundamental Mathematics for Electric Circuits
― Simultaneous equation, Complex number and Differencial equation ―

　　　　　　　　　　　　　　　　　　　　　　　　　© Kawakami, Shimamoto 2008

2008 年 10 月 3 日　初版第 1 刷発行
2024 年 1 月 10 日　初版第 5 刷発行

検印省略

著　者	川　上　　　博
	島　本　　　隆
発行者	株式会社　コロナ社
	代表者　牛来真也
印刷所	三美印刷株式会社
製本所	有限会社　愛千製本所

112−0011　東京都文京区千石 4-46-10
発行所　株式会社　コロナ社
CORONA PUBLISHING CO., LTD.
Tokyo Japan
振替 00140-8-14844・電話 (03)3941-3131(代)
ホームページ　https://www.coronasha.co.jp

ISBN 978-4-339-00801-2　C3054　Printed in Japan　　　　（安達）

〈出版者著作権管理機構　委託出版物〉
本書の無断複製は著作権法上での例外を除き禁じられています。複製される場合は、そのつど事前に、出版者著作権管理機構（電話 03-5244-5088，FAX 03-5244-5089, e-mail: info@jcopy.or.jp）の許諾を得てください。

本書のコピー，スキャン，デジタル化等の無断複製・転載は著作権法上での例外を除き禁じられています。購入者以外の第三者による本書の電子データ化及び電子書籍化は，いかなる場合も認めていません。
落丁・乱丁はお取替えいたします。